水耕盆栽
超好養

無土不招蟲，加水就能活
輕鬆打造室內綠意！

序

在出版社邀請下，提出要出版一本討論居家趣味水耕的主題時，心中其實有莫大的喜悅。在記憶裡追溯過往，想起是什麼時候開始接觸到水耕的？原來愛栽花這件事源自於外婆與阿姨。

在記憶中供桌上總有一對花瓶，清水供養著萬年青以表對神明的尊敬；在客廳的案頭上還有一盆段木水耕的巴西鐵樹，水栽出無比的新綠令人驚喜；還有一棵來自南臺灣，用淺缽養的椰子樹苗，原來 50、60 年代的當時就流行以水簡單供養室內植物，做為觀賞或是敬神之用。

隨著年紀的成長，喜愛每逢年節開著小貨車，來到東部鄉下賣花草的商家，在那裏看見了可以水耕的水仙、風信子等應景的花卉；更是跟著長輩們一同栽栽水耕的黃金葛，原來在成長的過程中，早就印證了許多植物生命的奇妙。

水耕簡單養就能活

水耕植物一點都不難，透過這回專書的出版，集結了自已栽種水耕植物的心得與想法，就從「水插法」開始，一直到水耕的運用及趣味水耕，只要掌握得宜，滿室繁華綠意絕非難事。此外，更將「底部給水」的方式運用在書中的示範中，能

水耕黃金葛可以說是最常見
的水耕盆栽應用。

利用乾淨清透的水耕盆栽，
輕鬆打亮生活空間。

以最節水的方式，灌溉這些綠色生命。其實只要用心觀照植物，就會發現植物也相對應的以最美的姿態回應您。

至於水耕最令人擔憂的滋生蚊蟲問題，其實善用盆器，選窄口瓶以及保持低水位、常換水等方式，就能夠排除這些困擾；更直接的以石礫或顆粒狀的介質填滿這些原本水域的空間，採以礫耕方式進行水耕，直接避免掉蚊蟲滋生的可能。期待大家能夠跟著書中的章節，由淺入深一起體會水耕花園的趣味。

感謝這次出版社給的機會，書籍製作過程中也得到一個和家裡小朋友共同照護植物的歷程。還記得那天攜著孩子一起到花市選購水仙的球根，學著惦惦重量、挑出最飽滿最健康的球根。返家之後又一同切割球根，看見小小手操持著器具，剔除鱗莖俐落的樣子；帶著孩子做好水耕盆栽，然後日日觀察、等待、到孩子發覺植物生長的驚喜片刻 ...... 每一個當下不論是對植物也好，對親子之間的互動也好，那一陣子都因為水仙而轉動著。更開心的是，水仙正如預期的在年節的前夕綻放了美好。相信未來某些時刻，當我們彼此再看到水仙的時候，便會想起那一段留在生命過程中的歲月。

妥善運用瓶瓶罐罐，甚至是回收的飲料杯、塑膠罐，都能做為水耕的容器，種花還能落實環保。

水仙球根非常適合親子一起操作水耕，見證從生長到開花的歷程。

CONTENTS

01 如何開始種室內水耕盆栽

10　水耕盆栽的特色

12　水耕容器的選擇

14　什麼植物可以水耕？

16　※ 基礎栽培示範：Case.1 從零失敗的黃金葛開始

18　※ 植籃的運用：　Case.2 喜悅黃金葛植籃水耕栽培

22　※ 礫耕的運用：　Case.3 星點藤礫耕示範

24　　礫耕常用的介質

26　居家水耕盆栽的維護管理要點

02 水耕栽培示範 Step by Step

32　從最簡單的水插法開始

33　水插法成功的關鍵

　　※ 水插法基礎示範：

36　Case1. 零失敗的「地瓜葉」水插栽培

37　Case2. 木本植物「油點木」水插栽培

※ 水培過程實記：

常綠室內植物	彩葉植物	多肉植物
40　火鶴花	64　粗肋草	94　翠玉龍黃覆輪
44　番仔林投	68　吊蘭	96　景天科多肉植物
46　蓮花竹	70　變葉木	100　黃金綠珊瑚
48　鈕扣藤	74　月光朱蕉	102　斑葉紅雀珊瑚
50　圓葉椒草	78　黃邊百合竹	104　黃邊虎尾蘭
54　白鶴芋	80　黃脈洋莧	
58　美鐵芋	84　斑葉羽裂福祿桐	
	88　彩葉草	

種子水耕盆栽

108	穗花棋盤腳
114	柚仔
120	文殊蘭
124	龍眼
130	大葉山欖
134	酪梨
140	青剛櫟

球根花卉

150	中國水仙
158	紫芋
160	風信子
164	闊葉油點百合
166	葡萄風信子
170	鬱金香

蔬果剩料再生

176	鳳梨
178	甘藍
180	胡蘿蔔
182	萵苣

186 **PLUS** 蘭花可以水耕嗎？

03 蘭花植物半水耕栽培示範

190	認識半水耕的原理
191	半水耕的好處
193	半水耕成功的關鍵
194	半水耕容器的準備與栽培介質說明
	※ 水培過程實記：
196	金孔雀樹蘭
200	秋石斛蘭
202	蕾麗亞蘭
	※ 其它適合半水耕的植物種類
204	Case1. 仙人掌科裸萼球屬植物
205	Case2. 蘆薈科鷹爪草屬植物
206	Case3. 苦苣苔科岩桐屬植物

04 水生植物栽培示範

210 水生植物是最 EASY 的選擇

215 ※ 水草缸基礎示範：Case1. 零失敗的小水榕水草缸

※ 水培過程實記：

沈水型		挺水型	
216	水蘊草	**228**	田字草
		230	粉綠狐尾草
漂浮型		**232**	銅錢草
218	金魚藻	**浮葉型**	
220	布袋蓮		
224	浮萍	**234**	熱帶睡蓮
226	水芙蓉		

238 PLUS 低維管的自然種植水草缸 NPT

241 ※NPT 水草缸設置示範：Case1. NPT 水草缸小試身手

242 ※ 單植式 NPT 水草缸： Case2. 溫蒂椒草水草缸

243 ※ 合植式 NPT 水草缸： Case3. 表現不同型態樣貌組合的水草缸

246 Case4. 低維護管理水草缸

05 底部給水法栽培示範

250 什麼是底部給水法

254 棉線吸水法原理

※ 棉線吸水法示範：

255 Case1. 製作盆栽的吸水繩芯

256 Case2. 將植物定植到市售的自動給水盆器

※ 水培過程實記：

258 輪葉紫金牛

259 銀葉冷水花

261 底部給水容器 DIY

※ 自製底部給水盆器示範：

262 Case1. 保特瓶底部給水盆器

264 Case2. 玻璃瓶底部給水盆器

269 **PLUS** 酒瓶水泥灌漿盆 DIY

06 礫耕玻璃小花房

272 如何設置玻璃小花房

275 玻璃小花房日常管理需知

※ 水培過程實記：

276 喜蔭花

280 血葉蘭

282 非洲菫

286 超迷你岩桐

07 趣味苔球與山野草附石盆景

292 苔球的由來

※ 苔球製作示範：

297 Case1. 單植式苔球

300 Case2. 組合式苔球

304 Case3. 一兼二顧魚草共生缸

308 野趣橫生的附石水耕

※ 附石水耕示範：

310 Case1. 野生鐵線蕨附生咕咾石

312 Case2. 蕨類合植附石水耕

316 附錄 ·本書植物學名檢索

01

如何開始種室內水耕盆栽

您應該看過一些盆栽中沒有使用土壤，而是用清水來養植物，最常看到的就是黃金葛、開運竹，單純用水，也能維持生長，而且多了清透的潔淨感，格外適合用於室內綠意佈置。

水耕盆栽的特色

利用各類瓶瓶罐罐，甚至是回收原本要丟棄的容器就能開始玩水耕，不需要特別的培養土或介質，只要有水就能開始居家趣味水耕，更是一種簡便管理居家植物的方式，省去大家為了澆水管理而衍生的煩惱，只要容器內維持有水，就可以輕鬆養護。

除了平面栽培植物，
也可以採用吊盆水耕的方式，
進行立面的綠美化。

常春藤以水耕方式栽培，
為居家增添柔美綠意。

利用玻璃杯水耕火鶴花，
也能順利開花。

水耕容器的選擇

舉凡鍋、碗、瓢、盆能盛水的容器，都可運用於水耕栽培。若講究風格擺設，造型玻璃器皿或品牌盆器，都能讓水耕的綠意更加分，但畢竟有特色的容器價格不菲，如能循環再利用生活中各類的盛水容器，加入個人巧思布置，亦能為居家妝點出簡單又不凡的綠意來。

廣口容器

廣口的造型，便於水耕的操作，但相對來說較容易受到蚊蟲入侵，需時時換水確保居家衛生。也可利用礫耕或結合植籃的方式（後續內文會說明），降低蚊蟲滋生的問題。

窄口容器

窄口的造型，相對來說較不易滋生蚊蟲，但僅適用枝條型的植物材料進行水耕，在操作上較受限制。

各式水耕容器

手工陶燒的杯子。

回收的玻璃罐。

市售以植籃結合塑膠盆的造型容器。

利用水泥與飲料杯翻製而成的盛水容器。

回收的茶壺，結合植籃變身成為美觀實用
的水耕容器。

什麼植物可以水耕？

挑選合宜室內的植物進行水耕栽培，可以得到事半功倍的效果。選擇陰性或耐陰性植物，對於光線的適應性及容忍度比較大，較容易在光線不足的條件下適應成活。常見的科別有天南星科、五加科、龍舌蘭亞科、椒草科、天門冬科、秋海棠科、苦苣苔科及蕨類植物，這些科別中都有不錯的室內植物品種可供選擇。

耐陰、陰性植物

Sample
01
天南星科各類**黃金葛**
的品種。

Sample
03
天南星科的**白鶴芋**。

Sample
02
天南星科的**粗肋草**
也適用於水耕。

Sample
04
原為龍舌蘭科下**虎尾蘭**，
近年重新分類歸納在天門
冬科下。

五加科的**羽裂福
祿桐**又名富貴樹。

Sample
05

天門冬科的**紅竹**也是
水耕的好材料。

Sample
08

星點木為耐陰性
佳的室內植物，
是室內水耕不錯
的選擇。

Sample
06

沈水型或能長出水下葉
的**水生植物**，也能運用
於室內水耕綠化。

Sample
09

各類**種子盆栽**，
對光線的適應
佳，能耐低光照
環境。

Case.1

從零失敗的黃金葛開始

首先我們就由暢銷的室內國民植物黃金葛開始。黃金葛的枝條取得也容易，剪取帶頂芽或強壯的枝條直接插入水中誘根。長根後如不另行移植或上盆，直接以水耕的方式進行綠美化亦可。另外也可以將土耕盆栽轉成水耕方式。

示範盆栽：陽光黃金葛
具有特殊葉色的黃金葛栽培品種

01　選購葉色明亮，無病斑、生長茂盛的盆栽。

plant data

陽光黃金葛

Epipremnum aureum 'Sun Shine' /
Scindapsus aureus 'Sun Shine'

陽光黃金葛為天南星科多年生的常綠藤蔓植物，又稱萊姆黃金葛，為園藝栽培所選拔出來具葉色變異的品種。日照不足時葉色為淺綠色，如日照充足，葉色的表現更為明亮。

光線需求：室內栽培，一般具有散射陽光環境均適宜，雖生長較緩慢些，管理栽培都很容易！

02　將根系仔細洗淨，避免殘留介質於根系上。

03 備好洗淨的植栽、盛水容器及石礫或石頭數顆。

05 將陽光黃金葛枝條置入於容器內，依個人喜好布置。

04 將容器裝入清水，放置石礫或石頭。

06 最佳的水位高度是露出莖基或些許根部，以利根部進行呼吸作用。

Tip 石礫等礦物會平衡根系釋放的酸性物質，並可釋放根系所需的養分，有助植物生長。

植籃

植籃原是運用於一種深水栽培（deep water culture）的水耕栽培系統所設計的盆器，又稱定植籃或水培固植籃等名。植籃能營造出露出在空氣間的根域微環境，確保進行水耕時，部份的根系能保有呼吸的空間。因應不同的水耕栽培方式，有不同的植籃設計及規格和尺寸。近年於花市也能選購到大小尺寸的植籃，以利居家進行水耕能有更多樣化的選擇。

Case.2

喜悅黃金葛
植籃水耕栽培

01　選購枝葉繁茂，葉片有光澤，生長有活力的喜悅黃金葛盆栽。

02　先將喜悅黃金葛根部洗淨後備用。

傳統居家水耕多建議使用窄口瓶為佳，因為置入水耕植栽後，能降低蚊子進入繁衍的機會。透過植籃的運用，讓寬口瓶罐或有造型的容器，也能進行水耕栽培。

03　於玻璃容器內，放置些許石礫，為求美觀，選用白色石礫。

05　將種好的植籃放置於玻璃容器上，水位高度以植籃底部為限。

04　喜悅黃金葛先以發泡煉石栽種於植籃內。

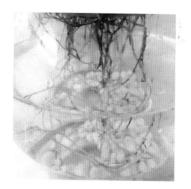

06　栽種 5 個月後，根系會自植籃中長出來，水位較低時，可適度加水。

Application

組合式植栽

因植籃栽培空間較大，可進行組合式的
植栽，增加觀賞的趣味性。

栽培5個月後的組合式植群。
如枝條過長，可透過適度修
剪枝條，再將其插入植籃內。

plant data

喜悅黃金葛

Epipremnum aureum 'N' Joy' /
Scindapsus aureum 'N' Joy'

喜悅黃金葛為天南星科多年生的蔓性草本植物。黃金葛原產所羅門群島，因生性強健及適應力強、葉色美麗，加上可垂綴的優雅姿態或向上攀附生長的型式，帶有熱帶風情的氛圍，廣泛栽培於世界各地。

喜悅黃金葛是印度發現的變種，2007 年量產後在荷蘭上市，臺灣則於 2011 年引入。喜悅黃金葛葉片較小外，白色的葉斑變化較規則，因生長的適應性較佳，對臺灣北部冬季低溫的耐受性較好，除了陽光黃金葛外，近年成為臺灣花市常見的三寸盆小品盆栽之一。

礫耕

礫耕（Gravel Culture）也是水耕的一種型式，與水耕最大的差異即在栽培容器內，填充顆粒狀的介質，水分存在於容器底部及介質的顆粒間，藉由水分的蒸散作用、孔隙間的毛細現象及水分子之間的拉力，讓水分由底向上運送，並提供根部吸收用。

plant data

星點藤

Scindapus pictus

天南星科多年生的常綠藤蔓植物，外觀與黃金葛相似，同樣不具有托葉，深綠色的近心形葉，中肋兩側的葉面具有不規則的銀色斑塊，莖節處易生不定根以利著生樹幹上，向上攀附而生。

Case.3
星點藤礫耕示範

01　選購生長茂盛，葉片無瑕疵的小盆栽為宜。

02　將根洗淨後備用。準備白色多孔隙的蘭石為栽培介質，以及錐形瓶為栽培容器。

礫耕的優點是能提供根部吸附及固定的功能，且因栽培容器的空間內充填了礦物性的顆粒介質，能防止蚊子滋生，因此在居家栽培的實用性更高。

Tip

如為不透明容器，可用發泡煉石為介質。容器內先置入一半的發泡煉石，將星點藤根系置入後，再填入發泡煉石，原則是將根系平均包覆在發泡煉石中。完成後，適量加水至容器 1/2 處，或表面能濕潤為原則。

03　將蘭石洗淨後先放置於錐形瓶內約 1/2 至 2/3 之間。再將星點藤根系置入錐形內。

04　適量的填入蘭石，將根系略埋入顆粒性介質中為宜，最後加入水分至 1/2-2/3 處，水位高度以能浸潤到根系為原則。

Media

礫耕常用的介質

礫耕水分補充頻度及換水的次數也較水
耕來得低一些。如顆粒越大的介質，加
水的次數就會高一些，透過不同的填充
顆粒介質，也能創造不同的觀賞效果。

{ 美國矽砂 }

為水草造景缸，常用的底材之一。

{ 發泡煉石 }

又名膨脹粘土。由粘土與水
的混合物，經高溫燒製而成，
為質輕、帶有多孔隙的介質，
為礫耕最常用的介質之一，
色澤質樸。

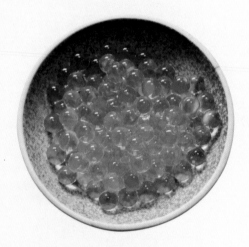

{ 魔晶球 }

又名水晶寶寶、天使的眼淚、神奇土及
水晶土等名。為一種丙烯酸的高分子聚
合物，吸水性特佳，泡水後可以澎張
60-80 倍，能連續使用 2-5 年以上。雖然
觀賞性極佳，但為非自然性的材質，在
使用上可視裝飾性的目的再使用。

{ 蘭石 }

又名日本石，是利用土燒製而成
的產品，與發泡煉石一樣，具有
質輕、透氣性及排水性佳的介質。

{ 漢白玉 }

為白色小石礫，不帶有多孔隙
的特色，質地堅硬，重量較重，
但觀賞性佳。

{ 卵石 }

顆粒較大，質地堅硬，重量較重，
但觀賞性佳。

其他，如麥飯石、水晶碎粒
及各類礦物石顆粒，連同玻
璃珠、玻璃砂等均可用於礫
耕充填用的介質。

魔晶球做為礫耕填充材料的效果。

居家水耕盆栽的維護管理要點

1. 栽培環境的光照條件

植物的維護管理，環境中最重要的就是光照的條件，只要充足明亮讓植物充分的進行光合作用，製造自體本身所需的養份，就能永續的生存下去。

但怎樣的光照條件才足夠呢？於自家栽花的環境，可能是陽臺也可能是窗檯，在白天拿一張白紙，將手置於紙上 30 公分處，利用手掌的陰影狀態來判別光照是否充足。如果影子越鮮明，光照越充足；反之如果影子都沒有，還需要開燈才能順利的閱讀報紙，那麼光照就不夠充足，需要利用人工光源補充光照，才能讓植物生存下去。

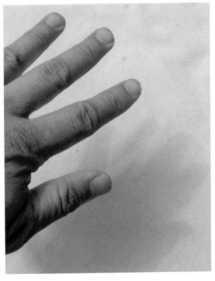

影子鮮明，光照充足，如日照的時間能長達 4-6 小時以上，蔬果、香草及開花植物都能栽培。

如影子不鮮明，但仍有影子，則是光照明亮的環境，多數的室內植物均能栽培良好。

2. 馴化與適應期的管理

在水耕的初期可利用去除部份葉片及保濕的方式，縮短適應馴化的時間。當植物適應水耕環境後，會開始發根或長出新根及新葉。已馴化能適應水耕環境的植物，才能開始考慮定期施肥工作。

當植物已適應居家光照及水耕環境後，切莫隨意更動移去照太陽，未經由馴化及適應的過程，植物易發生曬傷，嚴重時可能需要重新栽植一次。

景天科東美人水插後，長出適應水域環境根系。

火鶴花水耕 30-35 天後，長新葉及新根，表示已經馴化完成。

如忽然移動換位置，尤其是從較暗處移至日照充足環境，容易發生如圖曬傷的生理病害。

3. 水分管理與施肥

Point1. 只要補水就好

水耕植栽的水分管理十分容易，大原則是只要補水就行，補水量以根部能有部分浸在水中即可，讓局部的根系露在空氣中，以滿足根部呼吸的需求。

葉片大、葉片數多的植物種類，如：白鶴芋、黃金葛等，相對蒸散量大，補水的頻率就會高一些，對於此類植物建議能每次加水到盛水容器的1/2 ～ 2/3 處，以滿足水分會大量由葉片蒸散的需求。

相反的，葉片厚實、葉小或著生型的植物，對於根部的透氣性要求較高的植物，如：蝴蝶蘭、虎尾蘭等，相對葉片的蒸散量小，補水的頻率自然就少，對於此類植物補水只要加到1/3～1/2即可。

依據植物特性，維持適當水位。

Point2. 定期換水很重要

水耕或礫耕以及廣義的底部給水的栽培方式，都是以盛水容器裝入水後進行植物的栽培，水分會不斷向上蒸發，水中礦物質會於瓶口上緣累積或結晶在礫耕介質的表面上，形成積鹽現象（類似水垢）而導致植物根系生長不良；只要定期利用澆灌或換水的方式，即能改善積鹽的狀況。

植物的根部也會排出其他酸性物質，如僅以補水的方式進行水分的管理，無法更新瓶中的舊水，日久將不利於植物的生長。水耕植物的水分管理，可配合自己管理植物的時間進行，如：『補水－補水－換水（澆灌）』的循環方式進行日常的養護。

底部給水因長期水分由下而上的供給，易形成積鹽，只要定期澆水淋洗表面的積鹽或換水即可改善。

因蒸散作用，礦物質累積於介質表面，形成類似水垢或發霉的積鹽現象。

Point3. 營養液的補充宜少不宜多

一般來說，如果居家環境水耕植物，補充營養液及肥料的次數不宜多。但需視栽培的植物種類而定，大原則是確認植物適應後才能開始施肥，生長越良好的植物則宜多補充養液。如已發生徒長、生長減緩又或植群不夠緻密的狀態，多半不是因為缺肥而生長不佳，而是因為光線不足所致，應先調整植物的栽培位置。

如需要進行營養液的補充，建議於春夏植物生長旺盛的季節進行為佳，可將市售的液態肥稀釋 2000-3000 倍，結合水分的管理補充營養液，如：『給水－給水－給水－給養液』的循環方式進行管理。

稀釋 2000 倍後的全效型液態肥 N-P-K (20-20-20)。可做為定期的營養液補充植物生長所需。

Point4. 定期的修剪

當植物越來越大，姿態不良時，可透過修剪的方式維持觀賞性。一般水耕的植栽因生長不若露天栽培的植物，修剪量也不大，每年進行 1-2 次的修剪即可。另外如發生黃葉或枯枝，應適時去除以減少植物的負擔及避免病害感染。

枝條過長或型態歪斜，可適當修剪。

02

水耕栽培示範

這一篇，我們將利用植物的側芽分株或者一段枝條，只要簡單用清水、瓶罐容器，就能開始水耕栽培像是觀葉植物、球根花卉、多肉植物、種子趣味盆栽，甚至是廚房的蔬果剩料，也能栽出一抹新生的綠意！

從最簡單的「水插法」開始

室內水耕綠手指養成的第一步，就是試試水插法（water rooting），材料、方法很簡單，只要一段健康植物的枝條和一只盛水的容器以及明亮的環境，讓植物的枝條在充分有水的環境下誘導根系的再生，就能開始體驗居家水耕的趣味了。

作者栽培在室內已超過 10 年以上的油點木水耕小盆栽。

水插法成功的關鍵：

1. 插穗長度要適中

水插法剪取的插穗以 9 ～ 15 公分為宜。下半部插入水中的枝條，應充分去除葉片，避免葉片浸泡在水中，因葉片經浸泡後易因醱酵而腐敗，導致水插誘根失敗。

圖為「左手香」*Plectranthus amboinicus*，要先摘去枝條底部的葉片，再插入水瓶中誘根。

2. 選擇恰當的季節

適當的水插季節，一般以冬春季及春夏季之間為佳；但哪個季節合宜進行水插法也因不同植物種類而異。

3. 適時換水或補水

建議枝條水插誘根的期間，需每周換水或補水一次，直至根系萌發後即可視水分蒸散快慢狀況來調整頻率。

4. 在水中添加營養物

營養物的添加可以縮短水插誘根的期間。例如市售的植物營養劑「速大多」建議稀釋 500 ～ 1000 倍再添加到水插的容器中。國外進行居家扦插或水插法時，會於水插液中添加含有水揚酸的阿斯匹靈錠劑，或加入自製的柳枝水（以垂柳嫩枝剪段後，浸泡於熱水中，放涼後使用）等方式促進根系的再生。

水 插 法 的 生 長 紀 實

Sample
02
地瓜
Ipomoea batatas cv.
水插 7 天後再生的根系。

Sample
01
錦葉遍地金
Lysimachia congestiflora
'Outback Sunset'
枝條水插 10 ～ 14 天後再生的根系。

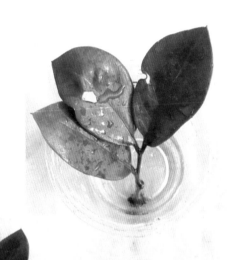

美鐵芋
Zamioculcas zamiifolia

栽培 40 ～ 45 天後的複葉末端一
小段,於基部開始膨大長出塊莖
來,如於春夏季進行水插,再生
形成塊莖的時間會更快。

薄荷
Mentha
Canadensis

水插 7 天後再生的根系。

連一片美鐵芋小葉也能利用水
插的方式,在葉片基部再生塊
莖,然後開始綠色的生命奇蹟。

栽培 Q & A

Q

**水插發根的枝條,
可以改種成土壤盆栽嗎?**

水插誘根後的枝條,可以持續培養在水域的環境中欣賞,但如
果不繼續水耕,將發根的枝條上盆定植,即能得到一盆新生的
植栽。但因水插法的根系是在水域中誘發而來,水中的根系須
經過適應的過程,才能生長於土壤介質環境之中。

育苗的期間需注意保濕,並配合摘心及剪除部份葉片,減少水
份散失,有利於初期苗木的養成。

Case.1

零失敗的「地瓜葉」水插栽培

Ipomoea batatas cv.

地瓜葉富含植物纖維，在葉菜類中營養成分數一數二，而且栽培十分容易，不用施肥也長得很好。如沒有水插栽培的經驗，使用地瓜葉來嘗試，可說是萬無一失的選擇。

01　剪取地瓜葉頂芽 10 ～ 15 公分長，去除下半段枝條上的葉片。

03　插入水中當天，因根系尚未再生，植株缺水，葉片失去活力，呈現萎凋狀態。

02　將枝條投入窄口的玻璃瓶中。

04　水插後 5 天，根系已經再生，植株恢復活力。

Case.2

木本植物「油點木」水插栽培

Dracaena surculosa 'Maculata'

油點木的特色是葉面上有著油漬滴灑般的斑紋，為極佳的陰性多年生木本植物，適應低光環境，因此常做為室內觀賞植物。以水插法誘根後室內水耕栽培，仍可長時間維持優美的型態。

01　剪下一段 15 ～ 20 公分的枝條，去除下位葉後，插入水瓶中。

03　可利用窄口瓶或燒酒瓶進行水耕，以減少蚊子滋生的問題。

02　水插約 3 ～ 4 周後，枝條基部開始發根。只要定期換水即可保有油點木的綠意。

EVERGREEN
FOLIAGE
HYDROPONICS

袖珍椰子水耕
Chamaedorea elegans

常綠室內植物

栽種室內植物的好處很多，像是幫助滯塵、吸收二氧化碳及不良的有機氣體，維持室內空氣品質潔淨。利用水耕的方式來栽培室內植物，除了將綠意帶入室內，透過玻璃容器以及水光的反射，還能帶來一絲絲的涼意，讓視覺溫度瞬間降下好幾度。

使用各類常見的室內植物，轉換成水耕盆栽的好處是：

1. 植物種類繁多、價格經濟實惠

栽培場專業花農大量生產多樣化品種，可供消費者選擇，不論居家的裝潢風格、空間大小如何，一定能有合適搭配的植物，而且價格合理實在。

2. 耐陰性佳，容易水耕成功

市售常見的室內植物，多為陰性植物，耐陰性佳，進行水耕時不需經由長時間的適應與馴化過程，就能運用於室內趣味水耕栽培。

3. 使用枝條或側芽就可以開始水耕

常見的室內植物都能利用水插的方式開始進行水耕栽培，可從現有的植物剪下一段枝條或側芽，或是與朋友交流一段植物枝條，不一定要購買新盆栽都能開始水耕的樂趣。

4. 結合瓶罐盆器 DIY，環保又趣味

人要衣裝，植物也一樣，水耕盆栽要好看，搭配的瓶罐盆器也很重要。依照空間風格或者植物特色，可以簡易 DIY 美化瓶罐後再使用，增添水耕的樂趣。

常綠室內植物 · 火鶴花

plant data

火鶴花

學名：*Anthurium andraeanum*
英名：Flamingo Flower、
　　　Tail-flower、Wax Flower
別名：紅掌、安世蓮、紅苞芋
科別：天南星科

［ 火鶴花 ］
Flamingo Flower

原產自中南美洲，多年生常綠草本植物，為著生型的草本植物。栽培的品種繁多，因花葉俱美，除做切花生產外，亦有不少小型的盆花品種。全年可開花，但集中在暖季為主要花期，溫度高於30℃或低於15℃會有消蕾的現象。可購買一般市售盆栽，將火鶴花經馴養後轉為水耕方式栽培。

全株直立具有短直立莖，莖節上易生氣生根產生吸芽。心形葉具長柄著生於短莖上。每年能生長 3 ～ 8 片新葉，老葉枯黃掉落後，莖節因外露而變長。成株後火鶴花以一葉一花的方式生長，只要環境合宜，萌發新葉就會開花。

水耕環境

* 室內窗邊
* 照明充足處

養護方式

* 水位高度維持在根系 1/2 處為佳

材料準備

* 火鶴花小品盆栽 1 盆
* 玻璃容器

玻璃容器水耕

01 選擇強健、價格合宜的
3 寸火鶴花小品盆栽。
脫盆後根系清洗乾淨備
用。

03 將植株根系輕輕置入玻
璃罐內。

02 如有老葉及不良的根
系,可予以修剪。

04 水位高度約略浸泡在根
系的 1/2 處即可。

Tip 定期去除老葉，有利於
植體養分的平衡，花開
的狀況會更好。

05 水耕的初期，宜放置於
陰涼處或予以保濕，以
利植株的馴化。

06 栽培 30 ～ 35 天後，新
葉及新生根系已經萌發，
表示植株已適應水耕環
境，定時補水即可。

Q

水耕容易長蚊子，該怎麼辦？

臺灣位居熱帶及亞熱帶，蓄水容器特別容易滋
生蚊蟲。因此進行水耕時，除了每周換水之外，
可利用窄口瓶栽植，或於瓶口處塞包裝棉等，
減少蚊蟲滋生的機會。

此外使用與盛水容器密合的植籃進行水耕，可
以減少換水的頻率，也因植籃內填入顆粒性介
質，防止蚊蟲進入產卵，大大降低蚊蟲滋生的
機會。

善用植籃，讓
水耕盆栽更潔
淨。

植籃有各種大
小尺寸，可依
瓶口大小來搭
配使用。

[番仔林投]

Narrow-leaved
Dracaena

番仔林投生性強健耐旱，對光線適應性也很大，
能在全日照下生長，也能在林下暗處生長。景觀
佈置常用做綠籬栽植，也能成為室內綠美化的優
良盆栽，枝條姿態富有熱帶氣息。繁殖以扦插為
主，全年均為繁殖適期，也能用做水耕栽培，只
要剪取帶頂芽的枝條插水即可長根。

plant data

番仔林投

學名：*Dracaena angustifolia*
英名：Narrow-leaved Dracaena
別名：長花龍血樹、狹葉龍血樹
科別：天門冬科

（原為龍舌蘭科，近年重新分
類歸納在天門冬科之下）

為常綠的多年生灌木，產自
馬來西亞、印度、菲律賓、
澳洲、臺灣等地；臺灣則分
布於南部恆春半島及蘭嶼海
岸山區。株高可達 3 公尺左
右，莖節有明顯的葉痕。花
期於冬春季，花有香氣。劍
形葉、全緣有光澤，葉無柄，
葉序以螺旋狀，葉基抱合著
生於莖節上。

....

水耕環境

- 室外全、半日照
- 室內窗邊
- 照明充足處

養護方式

- 水位高度維持在根系
  1/2 ～ 1/3 處為佳

材料準備

- 番仔林投頂芽枝條
- 水瓶
- 小石頭

玻璃瓶礫耕

01　從盆栽剪取 15～
20 公分帶頂芽的枝
條。

04　水瓶內可放置少許
石頭。

02　剝除下位葉近
1/2，視玻璃瓶的高
度，決定葉片剝除
的量。

05　插水近 3～4 週後
開始長根。

03　葉片剝除的原則是
插入水中的枝條上
不可帶有葉片。

06　栽培 9 週後根系已
發展穩定。定期補
充水分或換水維
護。

［蓮花竹］

Lotus Bamboo

蓮花竹是常綠叢生灌木，莖桿筆直、端莊
大方，四季常綠。因為名字的關係，又富
有竹韻，也很適合作為神案供花擺設。除
直接選購市售蓮花竹水耕的發根枝條外，
亦能選購健壯的 3 寸盆栽，去除介質之後
進行水耕栽培的馴養。

蓮花竹

學名：*Dracaena sanderiana*
　　　'Lotus'
英名：Lotus Bamboo
別名：荷花竹、觀音竹、
　　　蓮花萬年竹
科別：百合科

原栽培種學名為 *Dracaena sanderiana* 'Virens Compata'，後常見以栽培種名 'Lotus' 代之。約 2000 年自中國引入臺灣栽植。本種莖幹較為粗壯，葉片寬大、形態較為渾圓，葉色濃綠，且頂生的新葉，略向心部包覆，狀如含苞待放的花苞，得名蓮花竹。

....

水耕環境

* 室外半日照
* 室內窗邊或明亮處
* 照明充足處

養護方式

* 水位維持浸過根系

材料準備

* 蓮花竹枝條或三寸盆植栽
* 窄口瓶、花瓶

花瓶水耕

01　從盆栽中脫盆並移除介質。

02　用水將根系沖洗乾淨，並適度剝除下位葉。

03　將根系輕輕的置入陶瓶內，避免動作粗魯傷及根系。

04　根系置入後，依窄口瓶的尺寸決定枝數，建議能塞滿瓶口為佳。

05　水耕初期，宜放置於陰涼、濕度高的地方，以利水耕初期植株的馴化與適應。

06　栽培 30 ～ 35 天後，新生根系已萌發，宜定期補水及換水，做為日常的保養。

［鈕扣藤］

Maidenhair Vine

生長強勢，對光線的適應性佳，但喜好潮濕環境，枝條纖細，水分散失快，適宜水耕或以底部給水法，保持介質濕潤有利於生長。近年引進臺灣因姿態柔美，適用於組合盆栽做為線條狀的素材，增加作品的飄逸及律動感。

plant data

鈕扣藤

學名： *Muehlenbeckia complexa*

英名： Maidenhair Vine、
Creeping Wire Vine、
Lacy Wire Vine、
Angel Vine

別名： 鐵線草、鐵線蘭、千葉蘭
千葉草、千葉吊蘭

科別： 蓼科

原產於紐西蘭，枝條柔軟，叢生狀的植群呈匍匐狀生長，莖黑褐或紅褐色狀如鐵絲，呈懸垂狀生長，莖細長最長可達 4.5 公尺。橢圓形小葉，無葉柄，單葉互生，葉片基部包覆在莖節上。原生地多半生長在林緣處，因植群濃密還可以抑制外來植物的入侵。

....

水耕環境

- 室外半日照
- 室內窗邊
- 照明充足處

養護方式

- 水位高度維持在植籃底部為佳

材料準備

- 鈕扣藤盆栽及枝條
- 水耕容器
- 植籃

植籃水耕

01 選購姿態茂密的植株，將介質去除，再將根系洗淨備用。

02 將根群輕輕的塞入植籃中。

03 在植籃內部放置發泡煉石或其他顆粒狀介質，固定植株。

04 因水耕初期，為縮短適應期，提高馴化率，可適度修剪部份枝條。

05 馴化初期部份葉片黃化，待新根及新葉展開後，即適應水耕環境。

06 修剪下來的枝條可去除下位葉水插栽培，35 ～ 40 天後根系再生，並於枝條末端開花。

49

［圓葉椒草］
Obtuse-leaf Peperomia

多年生常綠草本植物，圓形帶光澤的葉片很討喜，對光線的適應性高，全日照下葉色偏黃，室內光線不足的環境下也能栽培。椒草的品種很多，除了圓葉椒草可利用水插法進行水耕栽培，另適合水耕的品種還有：斑葉椒草、琴葉椒草、彩虹椒草及西瓜皮椒草。

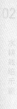

圓葉椒草

學名：*Peperomia obtusifolia*
英名：Obtuse-leaf Peperomia
別名：鈍葉椒草、豆瓣綠
科別：椒草科

原產自委內瑞拉、熱帶美洲及西印度群島。屬名 Peperomia 源自希臘文，其原意為與胡椒相似的意思。椒草科植物為冬季生長型的植物，夏季會生長緩慢或休眠，略帶肉質的葉片和莖幹能貯存水分協助越過旱季。

．．．．．．．．．．．．．．．．．．．．．．．．．．．．．

水耕環境

- 室外全日照～半日照
- 室內窗邊
- 照明充足處

養護方式

- 水位高度維持在根系 1/2 ～ 2/3 處為佳

材料準備

- 圓葉椒草頂芽
- 陶杯

陶杯水耕

01　從盆栽上剪取帶頂芽的枝條 10 ～ 15 公分。

02　去除下位葉後，將枝條
　　投入陶杯並盛入清水。

04　水插 30 天後，適應水
　　域環境的根系已生長穩
　　定。

03　水插 20 天後開始長根。
　　定期補水換水。

適合水耕的椒草品種

斑葉椒草
Peperomia obtusifolia 'Variegata'

琴葉椒草
Peperomia clusiifolia

彩虹椒草
Peperomia clusiifolia 'Jellie'

西瓜皮椒草
Peperomia sandersii

「白鶴芋」
Peace Lily

同為天南星科的白鶴芋，與黃金葛一樣，也適合以水耕的方式進行居家栽培。但白鶴芋葉片大，水分蒸散較快，待水耕栽培馴化後，每回換水或補水，應以高水位的方式定期保養。

常綠室內植物・白鶴芋

白鶴芋

學名：*Spathiphyllum* sp.
英名：Peace Lily
科別：天南星科

多年生常綠草本植物，原產自熱帶美洲，臺灣花市常見的栽培品種將近有 30 ～ 40 左右，但都統稱白鶴芋。闊披針形、橢圓或長橢圓形葉，具葉柄；葉片叢生於短莖上。生性強健，栽培容易，能耐低光照環境，對水分缺乏較為敏感，一旦缺水時葉片萎凋下垂，但一給水就能即刻復原，更是重要的室內空氣淨化植栽的前 10 名。

水耕環境

* 室外半日照
* 室內窗邊
* 照明充足處

養護方式

* 水位高度維持在根系 2/3 處為佳

材料準備

* 白鶴芋盆栽 1 株
* 錐形瓶（可減緩水分蒸散）
* 蘭石

錐形瓶罐水耕

01 選購葉色亮麗，植群緻密的 3 寸白鶴芋小品盆栽。

03 取一只錐形瓶，小心地將根系置入瓶內，植株基部置於瓶口。

02 將根系清洗乾淨後，視情況移除部份老葉或下位葉。

04 白鶴芋需水性較高，水位可置於根系的 1/2 ～ 2/3 處。定期補水或換水。

常綠室內植物・白鶴芋

礫耕栽培

01　白鶴芋也適合礫耕，選
　　購健壯的植栽並洗淨根
　　系。

02　以蘭石為介質，先填入
　　一半至容器中，置入植
　　栽後再平均將蘭石填入
　　並加水即可。

Memo

白鶴芋花期全年，但集中在
春夏季，白色的佛燄苞，花
形狀似白鶴而得名。

Tip　轉換為礫耕或水耕初期，
　　應予以保濕並減光，提高
　　白鶴芋植栽的適應性。

［美鐵芋］

ZZ Plant

具有如馬鈴薯般的地下塊莖，用以貯藏養分及水分，因此極為耐旱、耐陰性絕佳，在低光照環境下仍能生存。雖然是常綠植物，但如於乾旱過度、溫度太低時會出現落葉的情形。生長適溫在 18～26℃之間，臺灣北部冬季生長停頓。取下分株利用礫耕方式，便可於室內栽培觀賞。

美鐵芋

學名：_Zamioculcas zamiifolia_
英名：ZZ Plant
別名：金錢樹、雪鐵芋、澤米芋、
澤米葉天南星
科別：天南星科

產自非洲肯亞，為天南星科多年生
草本植物，美鐵芋為天南星科中單
屬單種的植物，英名以學名及種名
的開頭縮寫稱之為 ZZ plant。
株高約 45～60 公分，具地下塊莖，
羽狀複葉自地下抽生，6 至 8 對小
葉對生，全緣卵形先端微尖，葉肉
質明亮、富有光澤。

· ·

水耕環境

- 室外半日照
- 室內窗邊
- 照明充足～弱光處

養護方式

- 水位高度維持在根系 1/2 ～ 2/3 處為佳

材料準備

- 美鐵芋側芽
- 玻璃瓶罐、馬克杯
- 植籃、卵石、石礫

植籃水耕

01　將分株的美鐵芋根系清
洗乾淨後備用。

02　露出地下塊莖，將根系
置入植籃後，在空隙處
填入發泡煉石固定植
株。

59

03　將水注入瓶中,讓發泡
　　煉石濕潤含水。

04　植籃下方的空間,亦能
　　放入小魚及金魚藻一同
　　進行水耕。

Tip　亦可利用小葉進行水插,
　　待地下塊莖再生後,再上
　　盆栽種,或者持續以水耕
　　的方式栽培。

造型盆器礫耕

01　利用造型盛水容器及卵
　　石進行礫根。

馬克杯礫耕

01　利用馬克杯和白色石礫
　　進行礫耕。圖為養護1
　　年的植栽。

02 置入卵石後，再將地下
塊莖放入容器中，再用
卵石固定植栽。

03 將水注入後即可。圖為
栽培近 1 年的美鐵芋植
栽。

02 視情況將老葉剪除，以
維持姿態的美觀，定期
加水及換水。

03 進入暖季後，生長會較
快速，如葉面如有積塵，
可用水輕搓洗淨，恢復
葉片吸附落塵的功能。

COLORFUL FOLIAGE
HYDROPONICS

彩葉植物

彩葉植物一般來說需要較充足的光照環境，才能維持較好的斑葉及彩葉的表現，但只要慎選品種，亦能在室內的環境下水耕栽培，除了滿足了綠化的需求，這些色彩是美化空間重要的元素，透過這些色彩斑斕的葉片與植群，居家的角落裡也能生色不少。

彩葉植物進入居家成為美化的元素，當葉色不若以往的美麗的時候，以定期更新的方式維持也是不錯的選擇。在室內栽植彩葉植物慎選品種很重要，適應後的彩葉植物，也能在居家光照條件較不充足的環境下，展現美麗的葉色與姿態。常見較耐陰的彩葉植物科別有：

1. **天南星科 Araceae**：黃金葛／星點藤／合果芋／粗肋草／星點木等。
2. **五加科 Araliaceae**：常春藤／福祿桐／鵝掌藤／五爪木等。
3. **天門冬科 Asparagaceae**：吊蘭／百合竹／香龍血樹／朱蕉／虎尾蘭等。(註：原分類於龍舌蘭科下植物)
4. **大戟科 Euphorbiaceae**：變葉木／青紫木／紅雀珊瑚等。
5. **桑科 Moraceae**：其中以榕屬的木本植物，經適應後能成為耐陰的室內植物，如：垂榕／橡膠樹／三角榕等。
6. **胡椒科 Piperaceae**：椒草等。

［粗肋草］
Aglaonema

原產於亞洲東南部，如印度、泰國、越南、菲律賓、馬來西亞及印尼等地的多年生草本植物；常見分布在海拔 500 ～ 1,700 公尺森林底層的地被植物，因此粗肋草耐陰性極佳，成為室內重要的觀葉植物之一。運用粗肋草頂芽，即可進行水耕栽培。

粗肋草

學名：_Aglaonema modestum_
英名：Aglaonema、
　　　　Chinese Evergreen
別名：廣東萬年青、亮絲草
科別：天南星科

屬名 Aglaonema 為 aglaos（輝耀）與
nema（系）組合而成，形容本屬植
物雄蕊富光澤之意，亦有別名依此
特性稱為亮絲草。中文俗名依其葉
脈中肋明顯、粗大而得名。

水耕環境

- 室外半日照
- 室內窗邊
- 照明充足處

養護方式

- 水位高度維持在根系 1/2 處為佳

材料準備

- 粗肋草頂芽
- 水瓶

玻璃容器水耕

01　剪取帶頂芽的粗肋草 10 ～ 15 公分。

03　水插後約 3 ～ 4 周發根。

02　去除基部下位葉 1 ～ 2 片後插入水瓶內,放置於光線明亮處。

04　水培近 4 個月後,根系生長的狀態。

迷人的粗肋草紅葉品系

近年東南亞風行粗肋草育種，育種家利用產自印尼蘇門答臘島，具有紅色葉脈及葉背特徵的圓葉粗肋草 *Aglaonema rotundum* 為親本，與其他粗肋草進行育種後，選育出具紅葉或彩葉的品種。臺灣近年自東南亞及泰國等地大量的引入種源，大幅提昇粗肋草的觀賞性，更是臺灣十大外銷出口重要的觀葉植物作物。

吉祥粗肋草 / 情人粗肋草
Aglaonema 'Lady Valentine'

安亞曼尼 / 亞曼尼粗肋草
Aglaonema 'Anyamanee'

 Tip 粗肋草性喜溫暖潮濕，冬季需注意避寒，尤其是環境溫度低於 15℃時，可移入室內防止寒害。

此品種為大阪白。

吉利粗肋草
Aglaonema sp.

［ 吊 蘭 ］
[Spider Plant]

自植群上長出走莖，於走莖末端
開花及產生不定芽或稱高芽，姿
態懸空垂掛，有飄逸感，故名吊
蘭。繁殖法除分株外，可取走莖
上的高芽進行扦插繁殖，或以水
耕方式栽培觀賞。

plant data

吊蘭

學名：*Chlorophytum comosum*
英名：Spider Plant、
　　　Airplane Plant
別名：掛蘭、折鶴蘭、垂盆草
科別：天門冬科

（原為龍舌蘭科，近年重新分
類歸納在天門冬科之下）

原產自熱帶美洲的多年生常
綠草本植物。莖纖細具匍匐
狀，莖基部易生側芽，形成
叢生狀。具有肥厚的白色肉
質根貯藏水分和養分，因此
吊蘭亦耐旱。線形至線狀披
針形葉，具光澤，無葉柄，
著生於短莖上，葉片具有帶
狀斑紋的變異栽培品種稱為
中斑吊蘭。

水耕環境

- 室外全日照～半日照
- 室內窗邊
- 照明充足處

養護方式

- 水位高度維持在根系 1/2 ～
  2/3 處為佳

材料準備

- 吊蘭走莖上的高芽
- 窄口瓶或錐形瓶

中斑吊蘭水耕

01　栽培中斑吊蘭一段
　　時日之後，走莖上
　　長出高芽。

03　將高芽取下直接放
　　置於錐形瓶口上，
　　水位高度能觸碰根
　　系即可。

02　等待高芽成熟，於
　　芽體基部帶有 3 ～
　　4 條的主根。

04　栽培 4 ～ 5 週後根
　　系發展完成。水位
　　高度約在根系的
　　1/2 ～ 2/3 為宜，須
　　露出部份根系以利
　　呼吸。

Tip

另有大葉吊蘭品種，取
下大葉吊蘭的高芽，僅
栽培於小水杯內，也能
做為室內觀賞之用。

變葉木
Croton

彩葉植物·變葉木

70

變葉木葉色有紅、紫、綠、黃、橙等，生性強健、栽培容易，是常見的景觀植物。但您可能很難想像它居然很適合用作室內居家水耕栽培只要剪取帶頂芽的枝條為插穗，利用水插法，放置於明亮環境處，在室內也能欣賞明亮葉色變化的植物。

plant data

變葉木

學名：*Codiaeum variegatum*
英名：Croton、Golden Spotted Leaf
別名：灑金榕、彩葉木、錦葉木
科別：大戟科

原產於馬來西亞半島、南洋群島、爪哇、澳洲等熱帶地區的常綠灌木。葉色有紅、紫、綠、黃、橙等。生性強健耐旱，對光線的適應性很大，栽培環境如能全日照下，葉色表現更佳，但也能生長在大樹或屋側等遮光環境下，常以扦插繁殖。

••••••••••••••••••••••••••••

水耕環境

- 室外全日照～半日照
- 室內窗邊
- 照明充足處

栽培方式

- 水位高度維持在根系 1/2 處為佳

材料準備

- 變葉木帶頂芽枝條
- 水杯或瓶罐
- 發泡煉石

玻璃瓶礫耕

01　剪取帶頂芽的枝條約 15 ～ 30 公分長，去除下位葉或減少葉片數。

02　將枝條插入水中，如空氣濕度太低，在水插發根之前易局部落葉。

04　水插 7 ～ 8 週後，已長出大量根系。葉片大，水分散失較快，宜注意水分補充。

03　水插 3 ～ 4 週後開始發根，天氣較暖和時，發根速度較快。

05　室內栽培 10 個月後，仍能保持明亮葉色。後期填入發泡煉石，以礫耕方式栽培。

變葉木栽培品種

經人為栽培後，現行栽培品種繁多，葉形多變，有：線形、橢圓形、倒卵形、
倒披針形、戟形等，部份品種甚至葉片旋捲或具有子母葉等變化。

相思變葉木
'Punctatum'
葉形狹長狀似相
思樹葉形。

龜甲變葉木 'Indian Blandet'

紅鑽變葉木
'Mammy'
「鑽」即形容葉片
會旋轉的意思。

金鑽變葉木
為株型低矮、葉序密實的栽培品種。

金手指變葉木
'Lillian Staffinger'
是近年常見的變葉
木品種。

彩葉植物 · 月光朱蕉

[月光朱蕉]
Ti Plant

朱蕉又稱紅竹，臺灣栽培最為廣泛的為
'Red Sister' 品種，屬於中大型的品種，
帶有紅色美葉的新葉，冬春季時亮麗的葉
色十分討喜。另有小型栽培種，如：月光
朱蕉，更適合於居家水耕觀賞，而且生長
緩慢，水耕栽培一季後，仍能保有其特殊
葉色及斑紋的葉片特徵。

月光朱蕉

學名：*Cordyline* 'Moonlighgt'
英名：Ti Plant、Good Luck Plant
別名：紅竹
科別：天門冬科
（原為龍舌蘭科，近年重新分類歸納在天門冬科之下）

原產西太平洋熱帶地區，自馬來西亞、菲律賓、紐西蘭、波里尼西亞等地區皆有分布，有熱帶觀葉植物之王的美譽。屬名 Cordyline 源自希臘語為棍棒之意，形容本屬富含澱粉的黃色肉質地下莖；其地下莖曾被波里尼西亞的原住民當食物，因此廣泛傳播至環太平洋各地。

．．．．．．．．．．．．．．．．．．．．．．．．．

水耕環境

• 室外全日照～半日照
• 室內窗邊
• 照明充足處

養護方式

• 水位高度維持在根系 1/2 處為佳

材料準備

• 月光朱蕉帶頂芽枝條
• 水瓶容器
• 小白石

玻璃瓶礫耕

01 剪取月光朱蕉帶頂芽枝條，約 10 ～ 15 公分。去除下半部 1、2 葉。

02 準備一只小水瓶，置入少許小白石。

03 　將枝條插入水中，枝條
　　插水處，不宜帶有葉
　　片，有葉片易使水質敗
　　壞。

05 　栽培 3 ～ 4 個月後，水
　　生的根系已發展穩定。

04 　置於室內明亮處栽培，
　　水插4～5週開始發根。

06 　待水位較低時宜補水或
　　定期換水。

居家水耕的新選擇
迷你朱蕉

朱蕉生性強健，對光線的適應性佳，能耐低光照的環境而且耐旱病蟲害少，但居家栽培這類大型的朱蕉較為佔空間，有不少觀賞性高的小型栽培種以迷你朱蕉統稱，其中以娃娃朱蕉、月光朱蕉較容易在花市買到，為居家栽培的好選擇。

常見的大型紅竹品種

'Red Sister'

觀賞性高的小型栽培種

喀麥隆朱蕉
'Cameroon'

彩葉娃娃朱蕉
'Cointreau'

娃娃朱蕉
'Dolly'

[黃邊 百合竹]
Dracaena

天門冬科龍血樹屬（或稱虎斑木屬）的植物耐陰，對光線的適應性佳，也是常見推薦用於室內淨化空氣及室內佈置的中大型植栽。繁殖以扦插為主，除剪取枝條以水插法建立水耕盆栽之外，也能先行傳統的扦插待根系生長後，再進行水耕栽培，或者是到花市選購合適的小苗，將盆土洗淨後進行水耕。

黃邊百合竹

學名：*Dracaena reflexa*
　　　'Variegata'

英名：Dracaena

科別：天門冬科
　　　（原為龍舌蘭科，近年重新分
　　　類歸納在天門冬科之下）

原產自非洲馬達加斯加等
地，為多年生常綠灌木。革
質的劍形葉，無葉柄，葉序
螺旋狀分布，葉基部包覆在
略彎曲的枝條上。另有綠葉
的百合竹及葉脈中肋具黃色
帶狀條紋的金黃百合竹。

• •

水耕環境

- 室外全、半日照
- 室內窗邊
- 照明充足處

食態方式

- 水位高度維持在礫耕介質 1/2
  處為佳

材料準備

- 百合竹枝條
- 玻璃杯
- 漢白玉

玻璃杯礫耕

01 將百合竹根系洗
淨。備好玻璃杯以
及漢白玉為礫耕介
質。

02 先將根系置入杯
中，再投入洗淨的
漢白玉。

03 水位在植物適應初
期，可以高一些。

04 經 7 ～ 10 天適應
後，常態水位約 1/2
處即可。

 Tip 也可以使用窄口瓶，洗淨
後裝水約 1/2，剪取百合
竹的枝條投入，單純以清
水方式開始栽培。

[黃脈洋莧]
Chicken Gizzard

黃脈洋莧最引人注意的就是紅色的枝條葉
柄，以及金黃色葉脈，它對環境的適應性
佳、耐修剪，常做為園藝景觀佈置用。繁
殖以扦插為主，全年為適期，以春夏季時
發根速度快一些。利用水插法栽培，即可
在室內欣賞它特殊的色彩表現。

plant data

黃脈洋莧

學名：*Iresine herbstii*
　　　'Aureo-reticulata'
英名：Chicken Gizzard
別名：花葉洋莧、黃脈圓葉莧、黃紋洋莧
科別：莧科

原產自熱帶美洲、巴西等地的多年生草本植物。卵形或呈馬蹄形葉對生，具有葉柄，葉脈呈金黃色，為血莧的園藝栽培品種。臺灣常見的是紅色葉片的圓葉紅莧，如栽培環境不佳時，圓葉紅莧常因返祖現象，植群會漸變成黃脈洋莧。

．．．．．．．．．．．．．．．．．．．．．．．．．．．．．．

水耕環境

- 室外半日照
- 室內窗邊
- 照明充足處

養護方式

- 水位高度維持在根系 1/2 ～ 2/3 處為佳

材料準備

- 黃脈洋莧枝條
- 塑膠雨鞋或其他容器

瓶罐容器水耕

01　視瓶插的容器，剪取帶頂芽的枝條，一般取 10 ～ 15 公分枝條即可。

02　摘除插入水中的下位
　　葉，保留頂芽的葉片。

04　栽培 2 ～ 3 周，根系生
　　長的狀況。

03　容器內裝水，將枝條插
　　入水中即可。

05　栽培近 4 ～ 5 周後，根
　　系更加旺盛，注意定期
　　補水換水即可。

彩
葉
植
物
·
黃
脈
洋
莧

適合水耕的莧科植物

其他庭園常見的莧科植物，如：圓葉洋莧、紅龍草、紅莧草、雪莧，均有豐富的葉色，非常適合利用水耕的方式，以定期更換的方式豐富室內的綠意。

圓葉洋莧
Iresine herbsti

紅龍草
Alternanthera dentata 'Ruliginosa'

紅莧草
Alternanthera ficoidea var.
bettzickiana

雪莧
Alternanthera ficoidea
'Snow on the Mountain'

斑葉羽裂
福祿桐

Dwarf Polyscias

福祿桐類的灌木，耐陰性
佳，可利用水耕長期於室內
栽培。本種為矮性羽裂福祿
桐 *Polyscias fruticosa* 的斑葉品
種，利用礫耕方式於室內栽
培觀賞。

可能的話，
你還想為這個世界
做些什麼？

斑葉羽裂福祿桐

學名：*Polyscias fruticosa*
　　　'Dwarf Variegata'
英名：Dwarf Polyscias
別名：富貴樹、雪花福祿桐、
　　　裂碎錦福祿桐
科別：五加科

原產自印度、馬來西亞等地，為五加科常綠灌木，株形優美、生性強健，羽狀的裂葉互生於莖節上，褐黑色的莖節上，具有皮孔的構造。又名富貴樹，是非常受歡迎的室內植栽，耐旱、耐陰性皆佳，對環境適應性高。斑葉品種如放置於室外冬天低溫，會因寒害或太冷，易發生黃葉的現象。

⋯⋯⋯⋯⋯⋯⋯⋯⋯⋯⋯⋯⋯⋯⋯⋯⋯⋯⋯⋯

水耕環境

- 室外半日照
- 室內窗邊
- 照明充足處

養護方式

- 水位高度維持介質濕潤含水為佳

材料準備

- 福祿桐盆栽
- 馬克杯、玻璃瓶
- 發泡煉石、蘭石

馬克杯礫耕

01　　取自室內栽培的盆栽植株，將根系清洗乾淨（由於此盆為室內栽培，根系較少）。

03　馬克杯內約放置 1/2 左右的發泡煉石再置入植株。

02　或者取自室外栽培的植株，將根系清洗乾淨（雖然地上部略因低溫及潮濕，發生落葉現象，但根系卻發展良好）。

04　填滿發泡煉石並加入清水，定期補水換水即可。

01　小苗的準備，可擷取一段枝條插水誘根，或者先扦插等待長出根系後，再進行礫耕。

02　另取一只玻璃瓶填入蘭石及清水實行礫耕。

 Tip

羽裂福祿桐及斑葉福祿桐，都是極易栽植的室內植物，但汁液有毒性如不慎碰接觸後，宜清洗乾淨以避免皮膚過敏。

適合水耕的福祿桐品種

羽裂福祿桐
Polyscias fruticose
株型較斑葉羽裂福祿桐大型。

斑葉福祿桐
Poly. paniculata 'Variegate'

圓葉福祿桐
Poly. balfouriana 'Morginata'

[彩葉草]

Coleus

彩葉草對環境的適應性佳，
可生長在全日陽光直射環
境。喜好半日照或半蔭環
境，臺灣夏季的高溫和多雨
也不怕，成了夏季花壇中的
主角。只要利用水耕的方
式，也能將這些美麗的葉
色，引入室內明亮處欣賞。

彩葉草

學名：*Solenostemon scutellarioides*
　　　Solenostemon sp.
英名：Coleus
別名：鞘蕊花、小鞘蕊花、洋紫蘇
　　　變葉草、五色草
科別：唇形花科

原產自熱帶非洲、亞洲及澳洲的一年生或多年生草本植物。早期分類在鞘蕊屬 Coleus 下，近年重新分類移自鞘蕊花屬 Solenostemon 下。但英文俗名以 Coleus 統稱。品種繁多，是居家不可錯過的彩葉植物，多變的葉形、葉色，不必栽到開花只要有葉子就夠點亮環境色彩。

水耕環境

- 室外半日照
- 室內窗邊
- 照明充足處

養護方式

- 水位以浸泡到枝條 1/2 處為佳

材料準備

- 彩葉草帶有頂芽的嫩莖
- 馬克杯

馬克杯水耕

01 剪取彩葉草帶有頂芽的嫩莖，長約 10 ～ 15 公分，並備好一個馬克杯。

02 去除下位葉，避免葉片浸水而腐敗。

03 插入馬克杯後盛水，水位以浸泡到枝條 1/2 處即可。

05 栽培 4 週後根系再生發育完成，可上盆定植。如不上盆亦可持續水耕，每周換水。

04 彩葉草適應的很快，約莫一週左右，已開始長根；葉片由垂軟的姿態恢復成鮮挺的模樣。

06 栽培 50～60 天後的水耕彩葉草小盆栽。經摘心促進分枝，矮化後讓株型更為美觀。

葉色變化多端的彩葉草

彩葉草全年均可進行扦插繁殖、水耕栽培，逢冬季低溫時生長較緩慢，但仍能生長。

綠葉，但中肋有斑塊變化的品種。

紅葉及中肋深紅色，淺裂葉的品種。

葉脈金黃色的品種。

SUCCULENT
HYDROPONICS

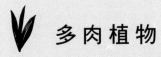

多肉植物

WOW！什麼？多肉植物能夠水耕！是不是顛覆了您傳統的刻板印象？其實所有的生命都需要水，這些旱生植物也不例外，只要滿足它們根系需要大量透氣性的需求，以低水位的方式來管理就能挑戰成功。甚至可以利用這樣反差極大的印象，創造出吸睛的園藝商品。

多肉植物的水耕栽培要領如下：

1. 選對多肉植物的種類很重要

水耕的前提是，挑選原本在自家環境下就能種得好的多肉植物種類，成功率較高，且栽培的光照條件要能出現明顯的陰影為宜。

2. 就科別來看，較耐陰、適合水耕的多肉植物有：

大戟科／蘆薈科／龍舌蘭科／仙人掌科及部份的景天科植物，均能進行水耕栽培，並利用低水位的方式維持多肉植物生長的需要。

3. 生長期與休眠期的水耕管理

多肉植物分為「夏眠型」或「冬眠型」的類別，只要處於休眠期的狀態下，生長就會減緩或停滯，除了移至通風及稍遮陰處外，水耕水位要比平時更低。處於生長期的多肉植物對於環境的忍受度較高，相對於水位的控制較不嚴謹，但水位仍不可以太高，務使根部能充分透氣通風。

4. 藻類的防範

因多肉植物進行水耕時，較室內植物來說，提供的光照會更充足，如以透明水瓶來栽培時，易發生藻類滋生而影響觀賞品質。除了改用礫耕栽培外，亦可以用有色的玻璃瓶罐來栽培，並搭配添加 3% 雙氧水 2-3 滴的方式，便能維持水色透明不長藻類。

翠玉龍黃覆輪

Creme Brulee
Century Plant

多年生常綠多肉植物。原產自墨西哥南方 Cerro Guiengola 地區，常見生長在海拔 100 ~ 1,000 公尺的石灰岩山區。本種為錦斑變種莖短縮，劍型葉著生於短莖上，葉緣具有黑褐色短刺，葉末端的刺較柔軟。只要取其側芽為插穗，利用水插法礫耕，即可在室內觀賞。

多肉植物．翠玉龍黃覆輪

plant data

翠玉龍黃覆輪

學名：*Agave guiengola* 'Cream Brulee'

異學名：*A. guiengola* f. *marginata* 'Cream Brulee'

英名：Creme Brulee Century Plant

科別：龍舌蘭科

翠玉龍黃覆輪的異學名中以 'Marginata' 表示這種葉緣呈乳白或淡黃色的錦斑變異品種；後於 1959 年栽培種名以 Cream Brulee 稱之。本種極易產生側芽，繁殖以分株為主，可由母株上取下側芽等傷口乾燥後進行分株繁殖。株徑可達 90 ～ 120 公分，株高可生長至 180 公分左右，為大型的龍舌蘭，常用於景觀佈置及趣味栽培。

....

水耕環境

- 室外半日照
- 室內窗邊
- 照明充足處

養護方式

- 水位高度維持在根系 1/4 ～ 1/5 處，水乾了再加水

材料準備

- 翠玉龍黃覆輪側芽 1 株
- 玻璃瓶
- 蘭石

玻璃容器礫耕

01 備好回收的雞精玻璃瓶、蘭石及翠玉龍黃覆輪側芽一株。

02 將取下的側芽，靜置至少半日，待傷口乾燥或收口後，玻璃瓶填入洗淨的蘭石進行礫耕栽培。

03 栽培一個月後，植株外觀開始生長，因栽培環境光線不如露天環境，葉色較紫褐，葉姿開始生長。

04 根系也開始萌動長出適應礫耕環境的根系。日後僅需定期加水即可。

景天科
多肉植物

Crassulaceae

景天科的多肉植物，可以剪取頂芽進行繁殖，將
帶著頂芽的枝條，利用水耕誘導根系的大量發生，
待根系健全後再移植回傳統的介質栽培。在此示
範的是：初戀、德雷與東美人 3 種。

plant-data

景天科多肉植物

英名：Stonecrop Family、
　　　Orpine Family

科別：景天科

以水耕方式栽培多肉植物，根系健全
後，水位不宜過高，以達根系的 1/2
或 1/3 處即可，讓根系能充分呼吸。
日後應定期換水或補水的方式，即能
以水耕的方式持續栽培。唯進入夏季
休眠季時，常態的水位應較低一些，
並適度減光，以利越夏。

．．．．．．．．．．．．．．．．．．．．．．．．．．．．．．．．．．．

水耕環境

- 室外半日照
- 室內窗邊
- 照明充足處

養護方式

- 水位高度維持在根系 1/2 ～ 1/3 處為佳

材料準備

- 景天科多肉植物頂芽
- 窄口水瓶

初戀
Graptoveria 'Douglas Huth'

德雷
Echeveria 'Derex'

東美人
Pachyphytum pachyphtooides　　97

玻璃容器水耕

01　剪取帶頂芽的景天科多肉植物枝條（由上而下依序為：初戀、德雷與東美人）。

03　水瓶內水位約 1/2，不需浸到枝條底部，讓枝條位於水位之上。

02　水耕前至少應靜置 30 分鐘，或待傷口乾燥收口後再開始進行水耕。

04　水耕的初期，以誘發根系為主。初戀水耕後 18 天，根系已經大量萌發。

05　德雷水耕18天後，仍
　　未見發根。景天科多肉
　　植物發根的速度，具有
　　很高的品種間差異。

07　栽培6～7週後，初戀
　　水耕狀態下根系生長的
　　情形。

06　水耕一個月後，初戀根
　　系生長的狀況。

08　栽培6～7週後三種不
　　同景天科多肉植物生長
　　的情形。

黃金
綠珊瑚
Red Pencil Tree

綠珊瑚常用做景觀植物，在各地公園或校園可見成株的大樹。由於瓶插壽命極長，近年也做為葉材，運用於花藝設計。它的耐陰性在多肉植物中算是佼佼者，常見將它做為室內的耐旱性植栽運用。取其新生枝條，還能以水耕方式栽培，欣賞不同的美感。

plant data

黃金綠珊瑚

學名：*Euphorbia tirucalli*
　　　'Sticks on Fire'
英名：Red Pencil Tree、
　　　Red Pencil Cactus、
　　　Firesticks
別名：火棒大戟
科別：大戟科

為綠珊瑚的園藝栽培種，其
新生的枝條呈現紅或黃色的
變異錦斑品種，當日照充足
及日夜溫差大時，新生枝條
的色彩表現更為鮮明。

．．．．．．．．．．．．．．．．．．．．．．．．．．．

水耕環境

* 室內窗邊
* 照明充足處

養護方式

* 水位高度維持在根系
  1/2 ～ 2/3 處為佳

材料準備

* 黃金綠珊瑚新生枝條
* 玻璃容器
* 礁石

玻璃容器水耕

01　剪取新生枝條，長
　　約 10 ～ 20 公分。
　　至少靜置半日或待
　　傷口乾燥後備用。

03　將枝條插入礁石縫
　　隙處。礁石可以減
　　緩水分的散失，及
　　營造氣氛之用。

02　亦能將枝條置於陰
　　涼處，1 ～ 2 週後待
　　傷口收口，開始萌
　　根時再進行水耕。

04　水插後約 2 ～ 3 週
　　開始長根。發根
　　後，可定期補充水
　　分或換水培養。

Tip　四季都可以使用
　　綠珊瑚枝條進行
　　水耕，春夏季發
　　根速度會較快一
　　些。

斑葉
紅雀珊瑚

Devil's-backbone

紅雀珊瑚株型不大，斑葉種株型更小一些，株高約 50 ～ 60cm 左右。對光線的適應性大，全日照、半日照或稍蔭蔽處及光線不足的室內都可生長；尤其是斑葉種當氣溫變冷時，原黃白色的斑紋會轉紅，更具觀賞性。扦插水耕時，需待傷口乾燥後再進行，會大大提高成功率，再生出適應水域環境的根系。

Tip

全株具有白色乳汁含毒性，皮膚較為敏感的人如誤觸乳汁時，會發癢或起水泡，尤其是沾到眼睛粘膜會有失明的風險，如誤食會引發嘔吐及腹瀉，需要當心。

plant data

斑葉紅雀珊瑚

學名：*Euphorbia tithymaloides* 'Variegata'

英名：Devil's-backbone、
　　　Red Bird Flower、
　　　Ribbon Cactus、
　　　Slipper Flower

別名：斑葉種又名花龍
　　　綠葉種又名銀龍

科別：大戟科

原學名歸納在紅雀珊瑚屬（Pedilanthus），近年則重新分類在大戟屬（Euphorbia）內。原產自北美洲及中美洲乾燥的熱帶森林中的多年生肉質灌木。當地以其彎曲的株形及紅色苞片包覆住花序等特徵，稱為惡魔的脊椎骨 Devil's-backbone 或拖鞋花 Slipper Flower 等名。

∙∙∙∙∙∙∙∙∙∙∙∙∙∙∙∙∙∙∙∙∙∙∙∙∙∙∙∙

水耕環境

∙ 室外全日照～半日照
∙ 室內窗邊
∙ 照明充足處

養護方式

∙ 水位高度維持在根系 1/2 處為佳

材料準備

∙ 頂芽枝條 10 ～ 15 公分
∙ 水杯、瓶罐

玻璃容器水耕

01　剪下帶頂芽 10 ～ 15 公分枝條。

04　水插 40 天後，莖基部開始發根。

02　去除下位葉後，放置至少 30 分鐘後，或靜置數日，待基部傷口乾燥。

05　適逢冬季冷氣團，氣溫下降，葉色變紅。

03　將枝條平均的插入玻璃盛水容器中。

06　將水插長根的枝條，換植於不同的容器中，營造出個性化的水耕植栽。

黃邊虎尾蘭

Snake Plant

虎尾蘭為極佳的室內植物，能淨化空氣中的有害物質外，據說也能大量釋放陰離子，在日、韓也相當受歡迎；在日本因虎尾蘭葉型狀如武士刀，被視為具有避邪之用。生性強健，對光線的適應性也大，全日照至陰暗處皆能生存。繁殖容易，葉插即能繁殖，臺灣全年均為適期，利用礫耕方式即可於室內觀賞。

黃邊虎尾蘭

學名：*Sansevieria trifasciata*
　　　'Laurentii'
英名：Snake Plant、
　　　Mother-in-law's Tongue
別名：千歲蘭、金邊虎尾蘭、
　　　弓弦麻
科別：天門冬科
　　　（原為龍舌蘭科下的植物）

多年生肉質草本植物。英名以其葉片上特殊紋理，稱為snake plant。葉片內富含纖維，能做為弓弦之用，稱之弓弦麻。株高約 30 ～ 60 公分，具有匍匐根狀走莖。硬革質扁平狀的劍形或長披針形葉，全緣、具光澤無葉柄，著生或基生於走莖上。或自走莖上萌發 3 ～ 6 片簇生的側芽，形成地被狀的植群。

· ·

水耕環境

- 室外全日照～半日照
- 室內窗邊
- 照明充足～弱光處

養護方式

- 水加到發泡煉石含水的高度，乾了再加水

材料準備

- 虎尾蘭側芽
- 深口瓶
- 卵石或發泡煉石

玻璃容器水耕

01
取下側芽，每芽以帶有 3 ～ 4 片葉為一株。分株後，靜置至少半日或待基部乾燥收口後備用。

02
將側芽投入玻璃瓶中，以卵石協助固定置入的側芽。依玻璃容器大小，置入側芽約 3 ～ 4 芽為宜。

03
栽培時，基部的卵石含水即可，待水分乾透後再補充水分。

Memo

另有短葉黃邊虎尾蘭品種（*Sansevieria trifasciata* 'Dwarf Laurentii'）也很適合以水耕栽培觀賞。

分株取側芽 3 枚，靜置半日待傷口乾燥再投入裝水的容器中，水位高約莖的基部即可。視居家環境，每周換水或補水一次。

SEED
HYDROPONICS

種子水耕盆栽

近年流行各類木本植物種子,播種養成的種子盆栽,狀似一座座迷你的小森林,成為室內植物布置的新寵。其實早年在臺灣花市曾一度流行以椰子水耕,觀賞椰子小苗新葉營造出來的熱帶風情,除了利用土耕方式進行種子小森林播種以外,也可以利用水耕的方式進行種子水耕盆栽的 DIY。

選用各類木本植物的種子,進行種子盆栽或水耕盆栽 DIY 的好處是:

1. 廢物再利用,循環經濟正當道,綠美化也可以不一樣

利用原本要丟棄的各類水果種子,進行種子盆栽製作,不花大錢也能做綠化。

2. 木本植物小苗幼年期長,耐陰性佳

在自然界木本植物小苗經常生長在大樹的附近或樹蔭下,必須長時間忍受光照不足的環境條件,且小苗對環境的適應性佳,適合用在居家環境的綠化上。

3. 木本植物種子取得相對容易

除了選購的途徑之外,可以在探訪自然的時候,撿拾那些落了一地的果實或種子,再經簡易處理後,就能成為種子水耕盆栽的素材。

4. 播種 DIY 一點都不難,成就感滿滿

從種子開始種起,觀見種子發根、發芽,子葉、本葉一對對的開展,感受到滿滿的生命力。

穗花
棋盤腳

Small-leaved
Barringtonia

秋冬季樹下會有大量落果可以撿拾，經過前處理及悶養，待種子發根後就能進行水耕栽培。或者至樹下掘取已經自然發根的種子，回來洗淨後直接進行水耕養護。

種子水耕盆栽·穗花棋盤腳

plant data

穗花棋盤腳

學名：*Barringtonia racemose*
英名：Small-leaved Barringtonia
別名：水茄冬、細葉棋盤腳樹、玉蕊
科別：玉蕊科

常綠小喬木，原產亞洲、非洲、澳洲及太平洋島嶼等地，與南部墾丁一帶常見的棋盤腳一樣同為海漂植物；臺灣也有分佈但較常見於北部臺北、宜蘭、基隆等地。花期集中於夏、秋季之間，亦能開放至隔年 2 月間。總狀花序下垂呈穗狀，可長達一公尺左右，花朵於夜間開放，花開時有香氣。

．．．．．．．．．．．．．．．．．．．．．．．．．．．．．．．．

水耕環境

* 室內窗邊
* 照明充足處

養護方式

* 水位高度維持在根系 1/2 ～ 2/3 處為佳

材料準備

* 穗花棋盤腳落果
* 水苔
* 水杯、水盤、燒酒瓶
* 發泡煉石、白色石礫

Memo

穗花棋盤腳的穗狀花序，花朵於日間
就凋掉，僅存雌蕊花柱。狀如粉撲狀
的花朵，實際上是由雄蕊的花絲所構
成，花色會因花絲的色彩不同，而有
白、粉、桃紅等之分別。

含苞的花序。

穗狀花序。

盛開的花序。

方式 1. 悶養新鮮種子

撿拾新鮮種子，體驗從悶
養、發芽到轉成水耕栽培的
過程。

01　撿拾濕潤飽滿、沒有發
　　霉的種子。

02　將外表的纖維質種皮剝
　　除，讓發育充實的種子
　　露出。濕潤未乾燥的種
　　子，狀態較飽滿。

Tip 取得的種子如已
過於乾燥，發芽
率會降低。

03　如乾燥的種子因水分不
　　足會產生皺縮，雖泡水
　　後會再充實，但嚴重缺
　　水時，發芽率降低。

05　悶養10～12週後，再取一
　　只燒酒瓶裝水並置入少許
　　石礫，將種子放在瓶口。
　　小苗會持續抽高，因室內
　　光線較不足，株高較高。

04　以塑膠杯內墊潮濕水
　　苔的方式悶養 4～5 週
　　後，已經發根與發芽。

06　栽培 90 天後，新葉已
　　經展開了。

方式 2. 掛盆觀賞

培養出根系之後，將種子掛在瓶口
水耕，欣賞種子型態的美感。

01　撿拾已經稍微自然發根
　　的種子，不進行剝除種
　　皮的處理。

04　水耕 12 週後，未剝除種
　　皮的種子，根系已發展並
　　抽出小芽。

02　直接以水皿進行水耕培
　　養，水皿內的水乾了再
　　加水的方式管理。

05　高腳杯內可放置少許石
　　礫，有利於長期水耕時，
　　平衡水中的礦物養分及
　　酸鹼值。

03　水耕 3 週後的種子，僅
　　長出主要根系。

06　利用高腳杯，進行種子掛
　　盆。栽培 90 天後，根系
　　生長旺盛，已展開新葉。

方式 3. 礫耕栽培

先將種子悶養催芽，再以礫耕方式
栽成一盆綠意。

01　備好馬克杯、發泡煉石、
白色石礫，經悶養催芽
10 ～ 12 週後的種子苗。

04　先置入 1/3 發泡煉石，再
放入種子。填入白色石礫
至種子一半高度。

02　將發芽發根的種子取
出，小心將水苔去除。

05　栽培 60 天後的情形，新
芽除略為長高外，新芽上
有小葉生長。

03　將根系慢慢清洗乾淨。

Memo

若在樹下發現已經
自然發芽發根的小
苗，也可小心挖掘
回家，直接進行水
耕栽培；需注意初
期保濕以增加馴化
的成功率。

［柚子］
Pomelo

臺灣栽培的柚子品種繁多，最
常見及主要栽培的品種為麻豆
文旦，但麻豆文旦的種子較少；
白柚或西施柚等品種的種子量
則較多，食用時不妨留下種子
作水耕栽培運用。

柚子

學名：*Citrus grandis*
英名：Shaddock、Pomelo
別名：抛、欒
科別：芸香科

柚類主要產區在中國、泰國、越南、馬來西亞、印尼、臺灣及日本等地，歐美則栽培較少。株高可達 6～7 公尺，生性強健，喜好生長在陽光充足環境，全臺都有栽種，但主要產地集中在中南部地區。葉片及果實都較其他芸香科植物大，春夏季為花期，花色白，連花瓣上也滿佈油胞構造，花有香氣。

•••••••••••••••••••••••••••••••••

水耕環境

- 室外半日照
- 室內窗邊
- 照明充足處

養護方式

- 水位高度維持在根系 2/3 處為佳

材料準備

- 白柚種子
- 水杯、杯蓋、造型瓶罐
- 三寸盆、培養土、石礫

水耕三階段

Stage1. 前處理 - 去除種皮
Stage2. 小苗育成 - 催芽
Stage3. 水耕掛盆

stage1. 前處理 - 去除種皮

收集食用後的種子，並去除種皮作為栽培之用。

01　種子如浸水會產生大量果膠，會增加剝除種皮的難度，如不慎浸水則需將種子果膠清洗乾淨。

02　去除種皮後，可以觀察種子的外觀，一端較圓、一端較尖，較尖處為未來會長出胚根的部位。

stage2. 小苗育成 - 催芽

種子需要先行播種催芽，讓種子順利發芽生根，以利後續水耕操作。

01　將剝除種皮後的種子，以平置或將尖端朝下的方式進行播種。

03　將澆透的白柚種子播種盆，置入裝水的塑膠杯中，再覆上蓋子保濕，營造濕暖高濕的環境，可縮短發芽的時間。

02　覆土約略蓋過種子即可，表層介質保濕以利種子的萌發；覆土後先充分澆水。

04　播種後 7～10 天左右，種子會陸續萌芽，待小芽長出土面後，萌芽到展開第一對葉時，即能進行水耕栽培。

將小苗由盆栽轉成水耕栽培，使用造型盆器仔細的布局掛盆，可以讓觀賞性大大提升。

01　將白柚小苗取出，洗淨後去除根系上的介質。如能將子葉外的褐色皮薄膜剝除，會更顯乾淨精緻。

03　第一圈完成後，在小苗間彼此錯開處繼續將小苗置入，務必塞滿瓶口為佳。

02　屋形玻璃瓶中，置入少許石礫，將種子由外圍一一的置入瓶口中。

04　栽培 2 ～ 3 天後的白柚小苗，觀察到枝芽明顯生長。

Tip 輕撫種子水耕盆栽的葉片，還能聞見雅緻的柚葉香，視覺嗅覺都享受。

05 栽培 10 天後，第一對的葉片也已經長全，短短的幾天就能體會到生命力的旺盛。

Memo

白柚果實大而圓，常見呈圓或扁球形，果皮呈淡黃色或黃綠色，質地厚實而粗，油胞大易剝皮。除了種子數較多外，厚質地的皮亦適合做成柚皮糖等蜜餞或柚子醬的材料。

06 透明的玻璃瓶內，還可以欣賞到根系生長的魅力。

種子水耕盆栽．柚子

118

使用小花瓶掛瓶水耕，展現新
生旺盛的生命力。此為柚子種
子水耕 3 ～ 4 週後的狀態。

［文殊蘭］

Poison Bulb

大型的多年生常綠球根草本植物，為海漂植物，臺灣全島海岸沙地均有分佈。花序頂生，花梗長達一公尺左右，繖形花序由白色6瓣小花組成具香氣，花期為夏秋季，可於冬春季撿拾掉落發育成熟的種子作為水耕栽培材料。

種子水耕盆栽・文殊蘭

文殊蘭

學名：*Crinum asiaticum*
英名：Poison Bulb
別名：允水蕉、羅裙帶、海帶七
科別：石蒜科

文殊蘭因適應性強，推廣做為園藝
綠美化之大型地被使用，近年常見
於公園綠地及安全島上。為單子葉
植物，葉肉厚質多汁，具有波浪狀
葉緣。長線形具平行脈的深綠色
葉，基部抱合形成短直莖；地下莖
短縮具有鱗片葉。

....

水耕環境

• 室內窗邊
• 照明充足處

養護方式

• 水位高度維持在根系 1/2 ～ 2/3 處為佳

材料準備

• 文殊蘭成熟種子
• 水杯、造型盆器
• 礦物介質

方式 1. 掛盆觀賞　　先悶養待長出葉柄與根系之後，再將種子掛在瓶口水耕，可欣賞文殊蘭種子型態的美感。

01　撿拾成熟的種子，種皮外部木栓化，呈淺褐色外觀。

04　用淺水皿栽培 3 ～ 4 週後，新芽萌發。

02　泡水或直接悶在塑膠袋約 2 週後。

05　栽培 7 ～ 8 週後，小芽萌發生長。

03　種子基部的胚芽會先長子葉柄，再由子葉柄發根。

06　將種子掛在窄口瓶口，欣賞種子與新芽的姿態。

01　取一只不透水的造型盆器，置入大顆粒的礦物介質約8～9分滿，並注入清水。

03　維持根部能夠吃到水，栽培3～4週後，文殊蘭小苗已長成。

02　將發芽的根部依序平均放置於介質上。

04　栽培7～8週後，運用礫耕的翠綠小苗與造型盆器，妝點出一角落的綠色趣味。

Memo

文殊蘭的種子是由胚乳構成無種皮的種子（ategmic seed；naked seed），胚乳外層細胞木栓化外，胚乳外部組織內含有葉綠素可行光合作用，有利種子長距離海漂及自力更生。

花後花序上，子房下位的果實會繼續發育。

發育成熟後，因果實種子重量增加，花序會倒地。

種子不具種皮，果實的外皮由花萼筒發育而成。

［ 龍眼 ］
Longan

利用木本植物幼苗耐陰性佳的特
性，再結合原本食用後的廢棄物－
種子，透過趣味播種的方式，能將
這些果樹或常見景觀木本植物的幼
苗，成為家居綠美化的新寵。期間
只以加水的方式養護，僅栽培於室
內明亮處。使用回收的玻璃瓶為水
耕容器，還多了分清涼感。透明的
瓶子還可觀察根系旺盛的生命力。

plant data

龍眼

學名：*Dimocarpus longan*
英名：Longan
科屬：無患子科

龍眼又名圓眼、龍目、桂圓、福圓等名，臺灣栽種的品種繁多，但以粉殼、青殼及十月龍眼較受歡迎。粉殼龍眼的果粒適中、果肉厚、核小，甜度佳；青殼龍眼果粒小，產期約在9月，果肉薄、甘味佳；十月龍眼果粒大，因在農曆10月採收而得名，是最晚熟品種。

水耕環境

- 室外半日照
- 室內窗邊
- 照明充足處

養護方式

- 水位維持約7分滿

材料準備

- 三寸盆
- 塑膠杯
- 培養土
- 窄口玻璃瓶

水耕二階段

stage1. 浸種處理
stage2. 小苗催芽
stage3. 水耕掛盆

stage1. 浸種處理

龍眼果期夏、秋季，8月中旬為盛產期；可在此期間品嘗食用，並留下龍眼的種子作栽培。

01　種子浸種前需將果肉清除乾淨，種臍處不能有果肉殘留，易導致浸泡時的腐敗。

02　視季節溫度，浸種3-5天左右，種臍處會開裂，或浸種至胚根開始萌出為宜。

 Tip

浸種時水位不宜淹過種子，如種子全部浸入水中，需注意每半天至少換水一次，以防種子缺氧而腐敗。如出現酒味或醱酵的腐敗味，浸種處理則失敗。

stage2. 小苗催芽

種子需要先行播種催芽，讓種子順利
發芽生根，以利後續水耕操作。

栽培 Q&A

Q 1

**請問龍眼種子水耕，
種子是否要先處理？**

龍眼種子水耕前，種子上的果肉要
清除乾淨，尤其是常見在種臍處，
會有食用未完全的果肉殘渣，如未
清除乾淨易因果肉含糖量高及營
養豐富，浸種時會導致細菌的滋
生，而致浸種失敗。
龍眼一般只要種臍處清理乾淨即
可，如您要再縮短一些浸種的時
間，能於種臍處利用砂紙輕磨，或
用銳利的器械進行割傷，都能再縮
短一些催芽的時間。

Q 2

**請問悶的時候，要放在陰涼
處還是陽光照的到的地方？**

龍眼種充分浸種後，進行播種催芽
時，可利用悶養（即保持高濕環
境）縮短發芽的時間，放置的環境
以陰涼到光線明亮處即可，不需放
置於陽光照得到的地方。且未來水
耕龍眼種子盆栽運用於室內綠美
化，建議放置於室內明亮環境下催
芽，讓小苗能提前適應室內的環
境，有利於水耕盆栽的後期馴化。

種子水耕盆栽．龍眼

01　三寸盆置入培養土約
1/2-2/3 分滿，鎮實後，
將種臍處朝下放置。

02　種子平均放置平整。

03　放入一層培養土，與種
子平高。

04 充分澆水，至培養土全部濕透為宜。

07 栽培 14-20 天後，至少要等待龍眼樹苗本葉 1-2 對葉開展後的大小，為水耕適期的小苗。

05 塑膠杯底放置少許水，水位低於紅色三寸塑膠盆，並輕放上塑膠杯蓋，營造高濕環境以縮短催芽的時間。

08 輕輕將小苗拔取，可觀察到根系已經生長有一定的長度了。

06 栽培 7-10 天後，開始萌出新芽。

08 置入水杯中充份吸水，並將根部培養土清洗乾淨備用。

stage3. 水耕掛盆

龍眼小樹苗在生長初期，黑色種子
（內為一對子葉）不會脫落，利用其
黑色種子進行掛盆，由外而內的方
式，依序將種子放置於瓶口處，並營
造出部份根系能高於水位，讓根際處
保有呼吸的地方是水耕種子盆栽重要
的關鍵點。

01　玻璃瓶以透明窄口瓶為
　　佳，以利種子懸掛放
　　置，在水耕前宜於玻璃
　　瓶內放置少許小石礫，
　　有利於小苗生長。

Memo

熱帶果樹常具有多胚性
(polyembryony) 的現象；在
龍眼播種催芽也能觀察到多
胚性的現象。圖中最左株為
正常種子，一粒種子只能長
出一株樹苗。中間及右株則
為多胚性種子，一粒種子能
長出 2-3 株樹苗。

02　小苗依序由外圈開始放
　　置，將根系置入瓶中，
　　種子則掛於瓶緣處。
　　外圈放滿後，再放置內
　　圈。

Tip 如有黃化的種苗，因缺乏葉綠素，葉片較容易枯黃或掉落，且待黑色種子內的子葉養份耗盡時，黃化的樹苗也會死亡，可予以移除。

03　放置初期，因龍眼種苗呈放射狀分佈，可利用手將小苗輕輕收攏，整理小苗以利掛盆。

05　水耕栽培 3-4 週後，小苗的枝幹會向上生長；根際處要保有些根系能呼吸的空間，以利長期水耕的栽培。

04　因窄口瓶緣處，掛置龍眼黑色種子，栽培期間可以阻擋孑孓的滋生。

06　栽培近 5-6 週的龍眼種子盆栽，由浸種開始，進入催芽至水耕盆栽的成品圖。

大葉山欖

Formosan Nato Tree

大葉山欖在各大公園綠地十分常見。花期為春、夏季之間，於夏、秋季之間為果實成熟期，可至樹下或野地撿拾一地成熟的落果，進行種子水耕盆栽的製作。

種子水耕盆栽‧大葉山欖

大葉山欖的果實外觀，就像是未發育成熟的芒果。

大葉山欖

學名：*Palaquium formosanum*
英名：Formosan Nato Tree、
　　　Taiwan Nato Tree
別名：臺灣膠木、山欖果、蘭嶼芒果
科別：山欖科

常綠大喬木，株高可達 20 公尺，是臺灣原生植物，在臺灣北部及南部低海拔海岸森林及蘭嶼一帶均有分布。樹型優雅外，因生性耐鹽、抗旱、抗風等特性，加上栽植、移植容易，被選定做為行道樹、海岸及工業區綠美化之樹種。

．．．．．．．．．．．．．．．．．．．．．．．．．．．．．．．．．

水耕環境

* 室外半日照
* 室內窗邊
* 照明充足處

養護方式

* 水位高度維持在根系 1/2 ～ 2/3 處為佳

材料準備

* 大葉山欖種子
* 塑膠杯、水苔
* 窄口瓶

水耕掛瓶

01　撿拾掉落的果實若有殘留的果肉，須先清洗乾淨。

02　利用回收的手搖杯做為催芽的容器，放入水苔及種子，可於杯底側方打洞。澆水時多餘水分自然流出，除保濕外，還有利於空氣的交換。

03　催芽處理近4～5週後，
於高濕溫暖的環境下，
種子陸續發芽。

05　將種子取出，選出子葉
完整，帶有新芽的小苗
為宜。

04　趁著發根發芽後，子葉
未掉落及本葉充分展開
前，是種子水耕掛盆的
最適期。

06　將根部洗淨後，並選用
窄口玻璃瓶為掛盆容
器。

Tip 如等到本葉發育成熟，且長出第 2、3 對葉後才轉水耕，易因水耕環境，根部來不及適應大量由葉片散失的水分，反而容易失敗。

07　將發芽的小苗依序置入水瓶中。

09　大葉山欖種子水耕掛盆後 2 週，已長出新生的根系。

08　如為提高水耕掛盆的成功率，可於水耕初期 1 周，利用塑膠袋或保濕容器覆蓋，以提高濕度的方式，增加幼苗的適應性。

10　由種子催芽到水耕掛盆，約經過 10 ～ 12 週的成果。

[酪 梨]
Avocado

臺灣於 1918 年輸入酪梨，主
要產地集中於臺灣南部高屏地
區為主，幾乎全年都可以在超
市、水果行選購酪梨，主要
產季集中在夏季至隔年春季。
當您食用後可以取出酪梨的種
子，直接進行水耕栽培。

種子水耕盆栽‧酪梨

酪梨

學名：*Persea americana*
英名：Avocado
別名：奶油果、油梨、樟梨、鱷梨
科別：樟科

原產自中南美洲至墨西哥一帶，因營養價質高，富含油脂及單元不飽和脂肪酸和 Omega3 脂肪酸等，被列為超級食物之一，有益於身體的保健。在國外也流行直將利用牙籤穿過種子，架在水杯或盛水容器上直接進行水耕栽培（如下圖）。

••••••••••••••••••••••••••••••••••••••

水耕環境

* 室內窗邊
* 照明充足處

養護方式

* 水位高度維持在根系 2/3 處為佳

材料準備

* 酪梨
* 馬克杯、玻璃瓶罐
* 卵石、發泡煉石及白色石礫
* 魔晶球

方式 1. 水耕栽培

01　酪梨種子的大小形狀，會依品種有些不同。食用時留下中心的種子。

02　種子洗淨後，可用水杯盛水的方式進行水耕催芽。種子基部較平整的朝下。

135

03　浸水約 3 ～ 4 週後，可觀察到已經發根。

01　備好酪梨水耕小苗、馬克杯、卵石、發泡煉石及白色石礫。

04　水耕栽培 5 ～ 6 週後，新葉充分展開，綠意盎然。

02　先於馬克杯底部放置卵石 2 ～ 3 顆，用以增加重量及充填杯底空間。

酪梨種子水耕 8 ～ 10 週後，待種子苗新葉充分開展，可進行礫耕栽培的轉換。礫耕的優點是可以避免經常性換水的作業，同時因水域環境內，充填了各類的礦物性介質，有益於根系的固定及附著，能防止蚊子滋生的問題外，也能補充適當的礦物養分及平衡酸鹼值。

03 置入發泡煉石約容器 2/3 的高度。

05 為了提升美觀性，可於表層覆蓋一層白色石頭，注入清水讓根系能吃到水。

04 將小苗置入後，繼續填入適量發泡煉石進行固定，將根系完全覆蓋為止。

06 完成品。依季節溫度變化，每周檢視表層石頭的濕潤程度，再酌予補充水分。

方式 3. 魔晶球水耕

01　酪梨種子取出洗淨後，直接將種子放置於已泡水膨脹的魔晶球上，經80 ～ 90 天後，開始發芽。

02　維持魔晶球濕潤，根系生長進入魔晶球礫耕介質中的情形。

03　酪梨種子發芽後，生長較為迅速，於室內栽培100 ～ 110 天後的生長成果。

Q

用魔晶球來做種子水耕好不好用呢？

魔晶球用於種子水耕，裝飾性效果極佳，但初期因魔晶球吸水性強，較純水或用礦物性介質催芽及誘根的時間會較長一些。

魔晶球在長期水耕時，如放置於明亮光處，易因為藻類滋生及積塵的關係較不美觀；但可透過清洗重覆使用。

右圖為栽培在魔晶球內長達 4～5 個月，才開始萌根的穗花棋盤腳種子。

[青剛櫟]
Ring-cupped Oak

青剛櫟是殼斗科的一員，由於
殼斗造型可愛討喜，是近年
種子愛好者喜歡收藏的自然寶
貝。青剛櫟花期於春季 1 ～ 3
月，秋季約 9 ～ 10 月時可以
撿拾到落果，可利用自家冰箱
冷藏，以低溫濕藏法的方式催
芽；或於隔年 1 ～ 2 月撿拾
經自然低溫、種子已開裂的落
果，進行播種栽培。

青剛櫟

學名：*Quercus glauca*
英名：Ring-cupped Oak、
　　　　Blue Japanese Oak
別名：校欑、九欑、青岡、青櫟、鐵橺
科別：殼斗科

常綠中、大型喬木；傘形樹冠，樹高可達 15～20 公尺左右。樹幹灰褐色，嫩枝具有黃色毛絨。葉互生於枝條上，葉片上半部具有鋸齒狀葉緣，下半葉緣平滑。臺灣亦有分佈，常見生長於平地至海拔 1200 公尺之山區，因樹型優美，又為原生樹種，近年也常做公園綠地及行道樹使用。

∙∙∙∙∙∙∙∙∙∙∙∙∙∙∙∙∙∙∙∙∙∙∙∙∙∙∙∙∙∙∙∙∙∙∙∙∙∙

水耕環境

* 室外半日照
* 室內窗邊
* 照明充足處

養護方式

* 水位高度維持在根系 1/2～2/3 處為佳

材料準備

* 青剛櫟熟果
* 水盤、水苔、塑膠袋
* 水耕瓶罐

水耕二階段

* Stage1. 種子催芽
* Stage2. 種子小苗掛盆

stage1. 種子催芽

撿拾青剛櫟成熟的落果，並去除外殼再進行催芽。

01　於冬末初春撿拾的種子，多數經自然低溫及浸潤，種子開裂。

02　剝除種殼，去除物理結構的發芽障礙，以利發芽整理的催芽前處理。

141

03　使用保特瓶下半部，剪成淺碟狀做為催芽容器，然後平舖已浸潤的水苔。

05　將去殼完整的種子，平均放置於水苔的催芽容器上。

04　如不慎去除種殼時，可於去殼失敗的種子上觀察胚芽生長位置，胚根為種子末端尖尖的部份。

06　再覆蓋一層濕水苔。除了保護種子的功能外，兼具提高濕度，以利種子吸水之需。

種子水耕盆栽・青剛櫟

07　再以塑膠袋包覆，於保
　　濕及保溫的狀態下進行
　　催芽。

09　催芽 30 天後，去殼種
　　子的子葉都開始伸展，
　　待子葉開展時，即可進
　　行種子掛盆的水耕栽
　　培。

08　催芽 10 天後，可觀察
　　到大部份去殼種子的胚
　　根已經生長；未剝殼的
　　種子則未發根。

Tip　青剛櫟的堅果成熟時
　　為褐色，內有種子一
　　枚，上頭有杯狀的殼
　　斗包覆堅果約 1/4。

stage2. 種子小苗掛盆

經催芽的小苗整齊、根系強健，水耕適應更容易。

01　催芽 40 天後，青剛櫟
　　種子已長出第一對本
　　葉，為種子水耕掛盆的
　　適期。備好窄口的水耕
　　容器。

03　注入清水至壺口。

02　將小苗逐枝取出，把根
　　系上的水苔洗淨，依著
　　壺口一側，依序排列一
　　圈約 5～6 顆種子。

04　可在壺口放置礁石以穩
　　固小苗外，還能減少水
　　分蒸散及防止蚊蟲入
　　侵。

05　栽培 55 天後，青剛櫟
樹苗的本葉開展，也充
分轉色。

窄口酒瓶

使用窄口的酒瓶，
只需將種子平均的
由外圍向內排滿即
可。

酒瓶造型很有東方
的氣息，樹苗大小
與酒瓶比例恰當。

透明玻璃瓶

取一只透明玻璃瓶，
將小苗水耕掛盆的
效果。

玻璃瓶掛盆則散發
清涼透澈的感覺。

種子掛盆：直接採集自然發芽的小苗

01

在青剛櫟樹下採集撿拾到已經自然發芽的種子。

03

在瓶口放置礁石，種子安置於礁岩縫隙處。

05

種子如無法馴化適應水耕環境，可以移除。

02

利用回收的玻璃容器來栽培。若瓶口較大，可再準備一塊礁石。

04

栽培 30 天後的情形。

06

栽培 45 天後的生長的情形。

BULB
PLANT
HYDROPONICS

球根花卉

凡具有地下貯藏器官的植物都可泛稱為球根植物。它們非常適合居家種植，就連廚房常見的蔥、薑、蒜都是球根植物的成員。其中有一部分種類，不用盆栽土壤，單用清水就能栽培到開花。

依球根植物地下部貯藏器官的形態與功能分為以下幾類：

1. 鱗莖 Bulb：
由變態的地下莖構成。鱗片葉著生於短縮的莖節上形成鱗莖的結構。如鱗莖包覆著紙質的外皮稱為有皮鱗莖（tunicated bulb），像是：水仙、鬱金香、洋蔥與大蒜都是。如鱗片葉直接裸露的鱗莖則稱為無皮鱗莖（non-tunicate bulb），如：百合。

2. 球莖 Corm：
地下莖基部短縮、肥大而成，外觀呈球形或扁球形，球莖上有規則分佈的葉痕及芽眼，如：唐菖蒲、芋頭。

3. 根莖類 Rhizome：
地下莖由走莖肥大而成，根莖上有明顯的節及芽眼。如：薑、美人蕉等。

4. 塊莖 Tuber：
地下莖由下胚軸肥大而成，地下莖上無葉痕及明顯的芽眼分布，芽眼莖基部呈環狀或冠狀分佈，如：仙客來、大岩桐等。

5. 塊根 Tuberous root：
由地下主根肥大而成，如：番藷、大理花。

中國水仙

Chinese Narcissus

年節上最常見的應景球根植物就是水仙花了！中國早在 1,300 多年前唐代即有栽培，更成為中國十大名花之一，有凌波仙子之稱，受到文人雅士讚頌與喜愛，在文學上被認為是英勇、忠貞、聖潔的象徵。中國水仙花冬季開花，具有花香，且僅以水耕的方式栽培 3 ～ 4 週左右就能開花，我們就先以中國水仙的水耕栽培為範例，讓大家開始玩味球根水耕的樂趣。

plant data

中國水仙

學名：*Narcissus tazetta* var. *chinensis*
英名：Chinese Narcissus、Daffodil
別名：水仙花、玉玲瓏、金盞銀盤
　　　凌波仙子、雅蒜及天蔥
科別：石蒜科

多生年生球根植物，原分布在中歐、地中海沿岸和北非等地，中國水仙為多花水仙的變種，另有單、重瓣品種之分。中國水仙分布在東南沿海地區，以上海崇明區和福建漳州水仙最為有名。水仙以分株繁殖為主，由小鱗莖開始以土耕栽培的方式，需經3年左右養球過程，待球莖直徑6～10公分後才能開花。它屬於夏眠型的球根，初夏葉片自然萎凋開始枯黃時，再採取鱗莖、剪去葉片，放到陰涼處待自然落葉後保存，秋冬季再重新種植。

....

水耕環境

• 室外全日照

養護方式

• 水位高度維持在鱗莖底部 1/3 處為佳

材料準備

• 水仙鱗莖
• 花器、寬口瓶
• 石礫、刀片

水仙鱗莖水耕

球莖越大，品質越佳，以8公分直徑大小的為宜，先以手指去按壓球莖，選購時要挑發育充實、質地飽滿的為佳，球莖內能按壓感覺內部芽體越多的越好。

01　在水仙球根長芽的基部縱切，以利球莖內的芽能順利生長。

02　鱗莖上半部切三刀。

03　浸泡在水盆中，以利鱗莖充分吸水催芽。

05　將催芽的水仙鱗莖，平均放入造型玻璃容器內。

04　泡水 2 天後，鱗莖內的芽都充分生長，萌出鱗莖外。

06　球根能平均分佈，彼此間能卡緊不晃動為宜。

Tip 水仙副花冠合生，呈黃色盞形，與白色花瓣相映，得名金盞銀盤之名。

07 放置於光線明亮環境下栽培 5 天後，芽已經充分生長。

09 栽培 20 天後，花芽已經抽出，準備開花。

08 每日換水，栽培 12 天後，翠綠色的葉片已長成。

10 栽培 24 天開花。

水仙鱗莖礫耕

找一只寬口矮身的花器，準備石礫來幫助固定水仙鱗莖，就能栽出大方出色的水仙花盆。

03　置於明亮光線下栽培，每 2 ～ 3 天充分灌水及換水。

01　水仙鱗莖先縱切 3 刀後，留下主要大的鱗莖備用。

04　栽培 15 天後，芽開始抽高生長。

02　放置平穩後，於鱗莖空隙處，填入小石礫。

05　栽培 22 ～ 24 天後，葉片發育充實。

球根花卉・中國水仙

06　栽培 25 天後，已觀察到花芽生長。

調控水仙開花時間

水仙開花期受到溫度影響，溫度越高開花越早、花期越短。在中國的北方，水仙水耕平均 45 ～ 50 天左右開花；而臺灣的氣候水耕大約 25 ～ 30 天左右就能開花，可配合年節提早先進行水耕栽培，以便在春節期間綻放。

球根植物多為陽性植物，水仙更是喜好陽光，如栽培在無影子的光照環境下，葉片徒長情形明顯。假使遇上氣候異常，如冬季氣候過冷，可早晚添加 25℃溫水或移到較暖和的網室，或用塑膠袋保溫等方式，都能達到催花的效果；反之，暖冬長的太快，則早晚加一點冰水到盆中。另外，也可以透過鱗莖雕刻的方式（底下介紹），一來促進水仙提早開花，二來增加水仙造型的趣味。

07　盛花時結上紅色彩帶裝飾，映和年節的喜氣。

奇趣造型：
蟹爪式水仙鱗莖雕刻

水仙雕刻的開花球，有著奇趣的葉型及花莖與陶瓶間產生觀賞的趣味，
且能矮化花莖，讓造型多變，在陳列上更有裝飾性的效果。

01　將水仙的褐色外皮去
掉，在鱗莖基部上約1
公分處，用銳利的刀先
劃一刀；鱗莖左右側，
順著鱗莖縱向再劃一
刀。切割的深度可隨雕
刻時，剔除鱗莖局部再
加深的方式進行切割。
大原則以勿傷及內部的
芽體為要；切割至露出
花芽和葉芽為止。

02　經蟹爪式切割的水仙鱗
莖，浸水1～2天吸水
後更充實飽滿，如未能
切割的芽體此時會更明
顯，可再次動刀切割。

03　浸水栽培7天後（每天
換水），已經長出花芽。

Tip

透過鱗莖的雕刻較未雕刻的球根，大約能提早 3～7 天左右開花，但仍受到溫度影響，如溫度高開花早，溫度低則開花較緩。

04 栽培 14 天後，花芽已經抽高。

06 葉片內緣削除後，因葉片外緣未切割、內緣有切割，造成不對稱的生長，產生奇趣的葉型。

05 如欲使葉片有不規則的彎曲及造型，可於葉芽內側，利用刀片沿著葉片的內緣，輕輕的削除 0.1～0.2 公分的厚度。

07 經 21 天後的蟹爪水仙。葉片削除產生趣味外，還有矮化的效果，能讓花梗開放於葉序之上。

紫芋

Elephant-ear

天南星科的紫芋，
對光線的適應性亦
大，以植籃水耕的
方式，將它們濃濃
的熱帶風情及心形
葉的特色，做為室
內植物欣賞。

紫芋

學名：*Colocasia tonoimo*
英名：Elephant-ear、Taro
別名：芋頭花、廣菜
科別：天南星科

原產自中國，已歸化在臺灣中南部地區。株高 60 ～ 150 公分，水生草本，性喜生長在潮濕的水岸上，具球莖易生小球莖，球莖可食用。心形的單葉、盾狀；具有暗紅色葉柄。花期 7 ～ 9 月，球莖、葉柄、花序均可作蔬菜食用。

水耕環境

• 室外半日照
• 室內窗邊
• 照明充足處

養護方式

• 水位高度維持在根系 2/3 處為佳

材料準備

• 紫芋球莖
• 瓶罐容器
• 植籃

使用植籃水耕

01　紫芋生性強健，環境適合時，能迅速長成一片。

03　栽培 2 個月後，因適應期部份老葉會先枯萎，再生出新生的葉片。

02　選取 2 ～ 3 個健壯球莖，置入植籃內，以球莖能平穩放置為宜。

04　培養於光線明亮環境下，根系開始生長旺盛。

Tip　繁殖以分株為主，全年均可以進行，但以春夏繁殖時生長較為快速。

[風 信 子]

Hyacinth

臺灣栽培風信子與鬱金香一樣，因為
氣候條件，隔年栽培時球根會年年縮
小，因日照長度不足，無法讓球根肥
大，僅能以消費型的草花方式進行佈
置利用。花期冬、春季，各花色有不
同的香氣。可於秋季至花市選購品質
良好的進口球根，以水耕方式即可栽
培至開花。

風信子

學名：*Hyacinthus orientalis*

英名：Hyacinth

別名：五色水仙、時樣錦

科別：天門冬科風信子亞科

（原為風信子科，近年重新分類在天門冬科下）

原產地為地中海東北部，18 世紀荷蘭非常盛行風信子栽種，栽培的品種超過 2,000 種左右，荷蘭為主要生產國家。風信子為多年生草本，鱗莖球形或扁球形，具有膜質外皮為有皮鱗莖。外層皮膜的顏色與花色有關，外皮為紫藍色，開出來的花也為紫藍色。狹披針形的葉 4～9 片，互生於莖節基部，葉全緣肉質具光澤。

....

水耕環境

• 室外半日照
• 室內窗邊

養護方式

• 水位高度維持在根系 1/2 處為佳

材料準備

• 風信子球莖
• 植籃水耕組
• 寶特瓶、刀片
• 瓶罐、植籃

植籃水耕栽培

01 選購經春化冷藏，且發育飽滿的球莖。

02 以市售的植籃水耕容器栽培。

Tip 有關球根花卉的栽培種植,可以參考《球根花卉超好種:園藝世家四代栽培密技大公開,50 種球根花卉四季管理・Q&A 種花問答》一書有更完整的介紹。

03　將球根放入植籃內後再加水,水位以能觸及球莖基部即可。

05　根系白白胖胖,且生長的非常快速。水位約在根系 1/2 即可,每周換水。

04　栽培於光線充足環境下,14 天後芽體肥大,並可見花苞形成。

06　水耕栽培 30 天後,風信子球根開花。

自製球根水耕容器

01　利用保特瓶製作水耕容器，將瓶口向下，在 1/2 ～ 1/3 處剪下後倒扣即可。

02　可填入介質如蘭石或發泡煉石固定球根。亦可將盆緣處剪深約 1 ～ 2 公分，再向內摺固定球根。

03　栽培 35 ～ 40 天後球根開花的情形。如栽培環境光線較不充足，葉片會較大，花梗會拉長，如光線不足花梗會徒長呈垂掛的恣態。

Memo

使用透明的容器水耕風信子，其根系生長快速又乾淨的情形，也很具有觀賞性。

闊葉
油點百合

African Hosta

墨綠色葉具光澤，葉面散佈不規則狀的深褐色如油漬般斑點而得名。花期春季；花梗長約 15～20 公分，總狀花序或圓錐花序於頂端抽出，花色白。闊葉油點百合對臺灣氣候適應性佳，栽培容易，是居家綠美化極佳的球根花卉之一，適合初學者栽培，水耕方式也能生長良好。

潤葉油點百合

學名：*Ledebouria maculate*
異學名：*Drimiopsis maculate*
英名：African Hosta、
　　　Leopard Plant、
　　　Spotted Leave Drimiopsis
別名：大葉油點百合、麻點百合
　　　寬葉油點百合
科別：天門冬科
　　　（原為風信子科，近年重新分類
　　　在天門冬科下）

原產於南非的多年生草本植物，對光線的適應性佳，株高約 5～30 公分，全日照下或強光下生長的株型矮小，弱光下或陰暗處株高可達 30 公分。酒瓶狀球莖肥短，闊披針形、卵形的葉片具長柄，3～5 葉叢生於鱗莖上。

· ·

水耕環境

- 室外全日～半日照
- 室內窗邊
- 照明充足處

養護方式

- 水位高度維持在根系 1/2 ～
  2/3 處為佳

材料準備

- 潤葉油點百合球莖
- 保特瓶、植籃
- 發泡煉石

使用植籃水耕

01　從盆栽掘出球莖，並去除葉片，放置陰涼處 2～3 天，球莖表面開始形成花青素。

03　於球莖的間隙處填入發泡煉石，防止長期水耕時滋生蚊蟲。

02　將球莖輕輕置入植籃內，以平均能放穩為宜。

04　將植籃放置於對剪的保特瓶內。加水至碰到球根基部，並栽培在日照充足的環境。

 Tip　市面上也有不同品種的油點百合盆栽，也可以選購回來，洗淨轉成水耕栽培。

球根花卉．葡萄風信子

葡萄風信子

Grape Hyacinth

臺灣的中高拔地區（如：梅峰農場）
能多年生栽培，但平地栽培時雖能越
夏，隔年亦能再開，花況及開花的表
現不如新購的球根。如水耕栽培時則
與風信子、鬱金香一樣，為消費型的
球根花卉，建議於秋冬季選購新球來
水耕栽培。

葡萄風信子

學名：*Muscari botryoides*
英名：Grape Hyacinth
別名：串鈴花、藍壺花、葡萄百合
　　　葡萄水仙
科別：天門冬科
　　　（原為風信子科，近年重新分類在天門
　　　冬科下）

原產自歐洲地中海地區、法國、德國及波蘭、北非等地。多年生的草本植物，原生地常見它們生長在林地中或林緣處，對光線的適應性強，能耐陰，為冬季生長型的球根植物，夏季休眠。

水耕環境

- 室外半日照
- 室內窗邊
- 照明充足處

養護方式

- 水位高度維持在根系 1/2 ～ 1/3 處為佳

材料準備

- 葡萄風信子球根
- 水耕栽培組或容器加植籃
- 蘭石

使用植籃水耕

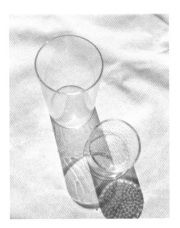

01　備好球根與植籃、水耕容器。

02　芽點朝上，將球根平均置入杯裡，再填入白色蘭石幫助固定球根。

167

03 　下杯將水盛滿，球根基部有吃水即可。栽培於光線明亮處，定期補水、換水。

05 　根系在蘭石的間隙內生長旺盛。

04 　栽培 14 天後，球根已經長出新生的芽體。

06 　栽培 30 ～ 35 天後，植株生長茂盛。

球根花卉‧葡萄風信子

葡萄風信子花色

一串串外形有如小葡萄的葡萄風信子，依據品種不同有微微香氣，常見的花色有深藍紫色、淺藍紫色、淡藍色、白色。

07 約 4 ～ 6 周開花，花期可達兩周左右。

 Tip

使用高低深淺不同的容器來單植、合植多顆球根，都有不同的趣味與欣賞性。水耕時注意要有足夠光線，否則葉片容易細長軟弱倒伏，開花狀況也較差。

鬱金香
Tulip

臺灣的氣候環境讓鬱金香花後無法繼續栽培，球根無法於隔年再開花，只能年年選購種球重新栽植，當做一年生的草花般栽培運用。土耕或水耕鬱金香均可，成功的關鍵是，選購經冷藏以低溫春化催花過的球根，才能確保開花品質。單瓣的品種也比較適合水耕種植。

鬱金香

學名：*Tulipa* sp.
英名：Tulip
別名：鬱金、紅藍花、紫述香、茶矩摩
　　　牡丹百合、洋荷花
科別：百合科

原產地從南歐、西亞一直到東亞的中國東北一帶，經由園藝栽培及長期人為選育後，現行的栽培品繁多，以荷蘭為最大宗的出產國家，同時也是荷蘭的國花。鬱金香為多年生草本植物，扁圓錐形或扁卵圓形的鱗莖，具棕褐色皮膜，為有皮鱗莖。花單生於莖頂，杯狀花由 6 片花被組成；花色有白、紅、粉紅、洋紅、紫、黃等，也有雙色花品種，通常秋冬季可在花市買到進口球根。

水耕環境

- 室外半日照
- 室內窗邊

養護方式

- 水位高度維持在根系 1/2 ～ 1/3 處為佳

材料準備

- 鬱金香鱗莖
- 馬克杯
- 蘭石

馬克杯礫耕栽培

01　備好馬克杯、蘭石及經過冷藏低溫春化過的球根。

03　將蘭石填滿，露出芽點。充分澆水，水量約在馬克杯的 1/3 ～ 1/4 為宜。

02　將蘭石洗淨後，填入馬克杯約 1/2 ～ 1/3 處，再將球根置入（芽點朝上）。

04　栽培 7 天後，芽點萌動，發育成綠色的小芽。

05 　栽培 14 天後，植株發育完全，花苞已經開始發育。

06 　栽培 21 天後開花。通常只開一支花，花期約兩週。

鬱金香也可以使用植籃來栽培，發根後，讓 1/3 根系能吃到水分即可。

Tip

栽種鬱金香若遇上忽冷忽熱的天氣，花芽容易在高溫時消苞，若預知氣溫回升，建議暫時移到遮陰涼快的地方，避免高溫日照。

VEGETABLE
FRUIT
HYDROPONICS

🥕 蔬果剩料再生

在享受美味料理之後，可以利用不要或剩餘的蔬菜部份進行水耕；又或是發芽了的地瓜、馬鈴薯，都能成為美化居家的好材料。看著這些不要的蔬菜片段，再生的過程很療癒，而且再生的新綠，當成沙拉生菜或製成佐料都很合適。

蔬果剩料是水耕栽培練習的絕佳好材料，推薦原因有：

1. 蔬果剩料再利用，您以為的廢料也是居家綠美化的小可愛

跟前面介紹的種子水耕一樣，利用原本不要的蔬菜部份，或來不及食用就已經發芽的根莖類蔬菜，不用急著當廚餘，拿來水耕就是綠美化居家的好材料。

2. 急急如律令，颱風季別怕，應急的蔬菜就可以這麼栽

颱風季菜價高昂之時，好好運用蔬果剩料就能再產出一盤自栽無毒的健康料理，就連豆芽菜利用水耕也能在短短 5 ～ 7 天內生產出來。

3. 以菜種菜，蔬菜保鮮不用怕

利用水耕來保鮮蔬菜，還能藉由短期水耕的時間，代謝掉蔬菜植體內過多的硝酸態氮，吃起來更健康。如水耕的高麗菜或大白菜，就像是活生生的翠玉白菜，此外還能想吃多少再摘多少，新鮮又不浪費。

[鳳梨]
Pineapple

國內栽培的品種分兩大類，加工及鮮食用兩大類，
早年鳳梨罐頭在臺灣曾是重要的輸出農產加工品；
後期因輸出加工品市場不佳，故以鮮食品種廣泛
栽植，主要產地集中在臺灣南部，高屏地區、臺
南、嘉義及南投等地。食用時，留下原本不要的
冠芽來水耕，有意想不到的樂趣，還可省下額外
的購買花費。圖中為水耕半年後的植株照。

plant data

鳳梨

學名：*Ananas comosus*
英名：Pineapple
別名：波羅、黃萊
科別：鳳梨科

食用鳳梨屬為地生型的鳳梨，最大的特徵就是聚合果上具有冠芽的構造，可利用冠芽進行趣味栽培，但冠芽具有較強的幼年性，栽植時隔年無法開花結果；慣行的農場栽培鳳梨時，會以母株的側芽（或稱裔芽）及走莖上生長出來的吸芽做為種苗進行繁殖。

水耕環境

- 室內窗邊
- 照明充足處

養護方式

- 水位高度維持在冠芽基部

材料準備

- 鳳梨一顆
- 玻璃瓶

玻璃容器水耕

01　將鳳梨的冠芽切下，把多餘的果肉清理乾淨。

02　僅留下冠芽，並去除基部的幾對葉片。

03　將冠芽放置陰涼處，待基部傷口乾燥後，再置入回收的玻璃罐內，保持水位浸到基部。

04　水耕約 3～4 週後會開始發根。水耕半年後，水生的根系生長旺盛。

[甘藍]
Cabbage

居家水耕甘藍（高麗菜）可說是好看又好吃，在盛產的季節不妨試試。將買回來的甘藍，去除基部幾對葉片後，待傷口乾燥，將葉球以水耕的方式栽培，不必冰在冰箱裏，要吃多少再剝下葉片下來食用。又或留下菜心一小部份，用水耕的方式做為短期的室內觀賞用途。其他如大白菜亦可以用同樣的方式栽培。

甘藍

學名：*Brassica oleracea* var.
　　　capitate
英名：Cabbage
別名：高麗菜、包心菜
科別：十字花科

原產自地中海沿岸南歐或小亞細亞一帶的一、二年生的草本植物，為不結球野生甘藍演化而來。卵圓或橢圓形葉，具有鋸齒葉緣，葉柄短或不明顯，著生於短縮莖上，葉片包覆形成葉球，因葉片包覆的特性，又稱包心菜；營養價值極高，有如菜中高麗蔘，而得名高麗菜。

．．．．．．．．．．．．．．．．．．．．

水耕環境

* 室內窗邊
* 照明充足處

養護方式

* 水位高度維持在根系 1/2 ～ 2/3 處為佳

材料準備

* 甘藍 1 株
* 水瓶

玻璃容器水耕

01　留下葉心，將基部上的短葉柄清理乾淨，靜置半天或待傷口乾燥。

02　將甘藍的菜心直接置入回收的玻璃罐內。

03　置入玻璃罐內，水位要略高於菜心底部。

04　水耕後 7 ～ 10 天後，葉色已經轉綠。

05　莖幹基部已發根，根系順利開展。須定期補充水分或換水。

06　栽培 14 ～ 20 天後，將外葉向外翻可使葉球更美觀，持續栽培直至葉球吃完，或失去觀賞價值為止。

［胡蘿蔔］

Carrot

與高麗菜水耕一樣，將原本要丟棄的胡蘿蔔莖基部，切除下來後再以水耕的方式進行短期室內栽培觀賞之用，長出的鮮綠嫩葉 Carrot green 亦能食用，歐美常用做為輕食沙拉的配材，是居家廚房園藝必栽的 10 種蔬菜之一。鮮綠的複葉狀如蕨類的葉片十分柔美，除妝點居家之外，也是觀察胡蘿蔔莖基部再生的材料呢！

Memo

其它可以比照辦理的根莖類還有：西洋芹、蒸菜根、蘿蔔，不妨帶著小朋友一起栽栽看！

plant data

胡蘿蔔

學名：*Daucus carota* subsp.
　　 sativus
英名：Carrot
別名：紅蘿蔔、紅菜頭、人參
科別：繖形花科

原產於亞洲的西南部等地，一年生的草本植物，富含胡蘿蔔素的根莖類植物之一。13 世紀自伊朗引入中國，李時珍《本草綱目》中記載，因自胡地傳來，味道像蘿蔔，得名「胡蘿蔔」。16 世紀胡蘿蔔自中國傳入日本，當時漢名為「人參」沿用至今，與中國東北及韓國產的高麗蔘不同。臺灣約在民國前 16 年自日本引入種植，以中南部彰化及臺南為主要栽培產地。

....

水耕環境

* 室內窗邊
* 照明充足處

養護方式

* 水位高度微微浸到莖的基部

材料準備

* 紅蘿蔔
* 寬口盆器
* 發泡煉石或其他顆粒狀礫耕介質

寬口盆器礫耕

01　將新鮮的胡蘿蔔莖基處切下來，為了水耕栽培，可以適度保留多一些。

04　栽培 9 天後，1 片新葉自莖基部開始萌發。

02　靜置至少半日，待傷口乾燥後，再進行水耕為佳。除了直接浸水的方式之外，亦可使用礫耕。

05　栽培 16 天後，葉片已經抽長展開。

03　栽培 5 天後，可以觀察到新芽開始生長。

06　栽培 25 天後的紅蘿蔔已長出鬚根，嫩綠的葉片除觀賞外亦可食用。

［萵苣］

Lettuce

萵苣是很適合以水耕方式栽種的蔬菜，以浮床的方式結合水耕栽培，一般居家就可以栽出兼具有綠化與食用兩種功能的水耕蔬菜。建立萵苣水耕浮床，可以利用取得容易的珍珠石，或其他較輕可浮於水面的礦物性介質，並建議於冬春季進行萵苣水耕為宜。

萵苣

學名：_Lactuca sativa_
英名：Lettuce
別名：鵝仔菜、媚仔菜及劍菜
科別：菊科

一年生草本植物，原產自華南、臺灣、日本等地，栽培品種繁多，可分為葉萵苣及嫩莖萵苣兩大類，葉萵苣中另有結球萵苣。萵苣對光的強度要求不高，但日長變長時較容易開花。一般萵苣為涼季的蔬菜，是重要水耕栽培及植物工廠可大量栽培的短期葉菜類。

....

水耕環境

* 室外半日照
* 室內窗邊
* 照明充足處

食應方式

* 水位高度維持珍珠石濕潤狀態

材料準備

* 萵苣種子或小苗
* 500ml 容器
* 珍珠石

玻璃容器水耕

01　準備好寬口容器以及萵苣小苗，可自行播種或直接市購萵苣小苗。

02　在容器中加入珍珠石，厚度約 5～8 公分，需能承載萵苣小苗的重量。

183

03　珍珠石漸漸浮上來形成
　　浮床。

05　經過 2 周的生長情形。
　　水耕在陽窗臺的環境，
　　光線至少需要能出現影
　　子。

04　將小苗輕放於珍珠石浮
　　床上，部份根團要露出
　　於珍珠石浮床上。

06　栽培 25 天後，萵苣葉片
　　大，水分散失的很快，
　　可以隔週更換稀釋 2000
　　倍的複合性水溶性肥
　　料，如花寶 1 號或 2 號
　　均可。

水培萵苣的技巧

1. 浮床的目的在營造部份的根系能露在空氣中,以利根部能順利進行呼吸作用。如浮床厚度不足,萵苣小苗的根團會全部陷入水中,那水耕萵苣就容易失敗。

2. 水耕補充營養液及水分的原則是,因居家環境各有不同,應以「加水 - 加水 - 加稀釋的營養液」的循環進行萵苣水耕。

07　栽培 40 天後,當萵苣長到適當的大小,即可採收食用。

 Tip

利用紙杯水耕萵苣,如居家光源不夠充足時,可使用人工光源補充。

蘭花可以水耕嗎？

印象之中，蘭花都是附著於樹幹上生長，園藝栽培則是上板或者用粗顆粒介質、水苔來盆植。其實蘭花也可以馴化轉為水耕，就從最容易取得的蝴蝶蘭來嘗試吧！

蝴蝶蘭水耕　　*Phalaenopsis* sp.

01　許多蝴蝶蘭花禮在開花之後就被遺棄，在其中挑選出健壯、葉片無皺縮、飽滿的植株。

03　根系整理後，留下仍充實飽滿的根系。

05　隔年 1 月 29 日，開始長出適應水耕的根系，並經由冬季低溫，於葉腋間開始抽出花芽。

02　去除水苔介質，並檢視根系，如已經腐爛及不飽滿的根應剪除。

04　於冬季進行水耕；12 月 18 日，將植株置入透明玻璃瓶內，水位約 1/3，根系微微碰水即可，栽植於光線明亮處。

06　水耕栽培近 40 天後，植株外觀並無明顯改變。僅部份原水苔中的根系，因不適應水耕環境而腐敗，需於馴化初期定期剪除。

07 　3月3日，已於莖基根際處，萌發適應水耕環境的根系，花梗也持續抽長。

09 　水耕栽培約65～70天左右，已適應水耕栽培環境，除莖基部長新根，原根系也生長新生的根系。

11 　4月24日，水耕近半年的蝴蝶蘭開花了。

08 　3月27日，植株新葉稍微生長，花序抽長，花苞略成形，但發生老葉黃化。

10 　4月18日，花序成熟，花苞發育充實，準備轉色開花。

12 　蝴蝶蘭一朵一朵往前端開花。

蘭花植物半水耕栽培示範

半水耕法 semi-hydroponics 又稱 S/H 栽培法，是由一家栽培蘭花超過 45 年以上，專營蘭花栽培介質、肥料及栽培器材設備的公司 First Rays Orchids 申請專利註冊的栽培方式，它讓栽植蘭花更為簡便管理，即便繁忙的上班族，也能透過這樣栽培的方法，重新體驗種蘭花的趣味。

認識半水耕的原理

半水耕是一種被動式的水耕方式或底部灌溉的方式。與水耕方式一樣，將植物栽植於惰性介質中，如：發泡煉石、蘭石、石礫等不易腐敗的顆粒狀礦物性介質中。水分及養液會藉由毛細現象及蒸散產生的拉力，經由介質的孔隙持續的提供根系生長所需。透過半水耕的設計，栽培容器基部具有一定的蓄水量，能減少澆水次數及維護管理的頻度，讓栽植花草變的事半功倍。

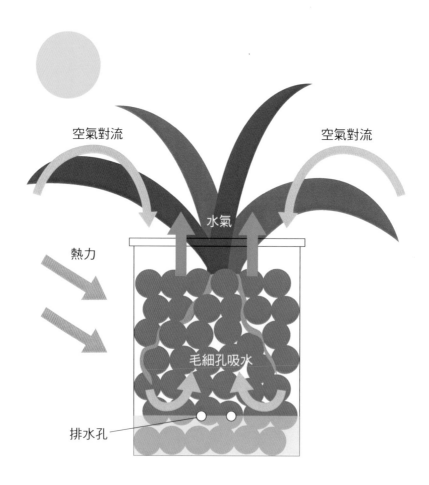

空氣對流　　　　　　　　空氣對流

水氣

熱力

毛細孔吸水

排水孔

移進半水耕的嘉德利亞蘭 *Cattleya* sp.，
約莫 2 ～ 3 週左右，新生根系生長旺盛，
連芽點都開始膨大生長。

半水耕的好處

1. 能回收使用各類塑膠容器，進行半水耕盆器 DIY，節省盆器上的支出。
2. 讓家花變野花，透過半水耕的栽植方式，可以節省澆水及維護管理頻度。
3. 栽種方式簡單，不需要特別的設備和技術。
4. 能避免水耕或底部給水產生的積鹽現象，讓植物生長的更健壯。
5. 半水耕的根系處於潮濕又通風的環境，除了用於蘭花，許多植物亦能適用。

半水耕的生長紀實

白拉索嘉德利亞蘭 ' 瑪凱 '

×*Brassocattleya* 'Maikai' 在半水耕
環境下，年年開花的情形。

Sample
01

嘉德利亞蘭

以半水耕栽植 5 年以上的嘉德
利亞蘭 *Cattleya × dolosa*。根
系生長旺盛，開花品質良好。

Sample
02

聚石斛

又稱黃金石斛或金幣石斛的
聚石斛 *Dendrobium lindleyi*，以
半水耕栽培開花的情形。

半水耕成功的關鍵

半水耕的系統中，介質的選擇是成功的關鍵因素，以惰性、不易分解，顆粒均勻的礦物性介質為佳。在顆粒性的礦物介質中，提供大量的空間，並利用毛細作用，讓介質能保持均勻濕潤及透氣性。

First Ray 公司推薦最符合半水耕栽植的介質，為直徑半英寸約 1.3 公分的 PrimeAgra® 陶瓷介質（由 First Ray 公司生產，類似發泡煉石的顆粒狀礦物性介質），可以無限期地重複使用。

半水耕為被動式的水耕方式，顆粒狀的介質在乾濕之間及因定期的灌注水分時，有益於介質中空氣的更新及流動，除了益於根部的健康，還能清洗介質中因蒸散產生的積鹽現象。

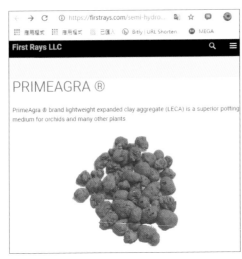

由 First Ray 公司生產的PrimeAgra®
陶瓷介質。

姬蝴蝶蘭根系在半水耕環境下，因
顆粒狀的介質，以及多孔隙的空間，
都有利於根系生長。

Step.1

容器鑽孔技巧

··

半水耕的容器需要打洞鑽孔，雖然可以購買較為美觀的塑膠容器來改做，但建議使用各類回收的塑膠容器，在栽花之餘也善用這些原本要丟棄的飲料杯、塑膠瓶。

利用烙鐵燒製基部排水孔，排水孔的高低可依個人澆水的習慣而定，如常澆水，排水孔高度可以低一點；反之如不常澆水，排水孔高度，可以高一些。

Tip 部分塑膠材質，使用烙鐵高溫燒製時如產生不良氣味，可利用錐子或鑽孔機來設置排水孔。

Step.2

選擇適當的介質

··

1. 發泡煉石

顆粒大小會影響水的毛細作用，如為鬚根系的室內植物，可選用顆粒較小的發泡煉石；一般半水耕以中大顆粒為主。

2. 蘭石、石礫、卵石

如覺得褐色的發泡煉石不甚美觀，白色的蘭石亦是半水耕適用的推薦介質。其他如石礫或建築用的三分石及卵石亦可，還能增加介質重量避免倒伏。

種入植物、澆水管理

種入合適的植物、灌入清水，排水孔下方的空
間可滯留一定分量的水分，慢慢供應植物所需，
所以可以拉長澆水時間。

章魚蘭（*Prosthechea cochleata*）
半水耕

蘭花植物半水耕栽培示範

金孔雀樹蘭

金孔雀樹蘭

學名：× *Brassoepilaelia*
　　　　'Golden Peacock'
異學名：× *Brassolaelia* 'Golden peacock'
　　　　× *Procatavo* 'Golden Peacock'
英名：Golden Peacock、× Brassoepilaelia
科別：蘭科屬間雜交種

本種為花市常見的樹蘭品種，雖然名為樹蘭，但實為一種屬間雜交種，其親緣雜自維基百科的資料上，本屬植物由三個屬：白拉索屬 × 樹蘭屬 × 蕾利雅屬（*Brassavola* × *Epidendrum* × *Laelia*）雜育而成。

生性強健，對於臺灣適應性佳，栽培容易，僅需光照充足環境下，四季常開。原則上新芽內均含有花芽，只要發新芽就能開花，金黃色的花色及近似白拉索蘭的花型十分雅緻，唯可惜沒有香氣。

金孔雀 樹蘭

Golden Peacock

圖中的金孔雀樹蘭已經半水耕栽培 5 年以上，開花情形良好，生長茂密，已達可重新分株的狀態，分株時以 3～5 個偽球莖為單位，全年均可進行，但以秋冬季為佳。

水耕環境

- 室外半日照
- 室內窗邊或照明充足處

養護方式

- 介質接近乾燥時加水，讓水自然從排水孔流出

材料準備

- 金孔雀樹蘭植栽
- 烙鐵
- 保特瓶或塑膠杯
- 發泡煉石

保特瓶半水耕

01　生長茂密的半水耕植栽，準備進行分株。

03　容器打好排水孔，先放1/2 杯的發泡煉石，再將分株置於中央。

02　選取前段生長較為優勢的部份為佳，以 3～5 個偽球莖株為單位，進行分株。

04　繼續倒入發泡煉石，以輕拍方式固定好植株。

金
孔
雀
樹
蘭

05 　帶有花芽的金孔雀，分
　　株後一週仍能開花。

Q

如何美化半水耕的蘭花？

因半水耕的容器，除了專利生產經商業設計的
盆器會較為美觀外，如使用回收容器製成的半
水耕容器，多半不盡美觀。因此當蘭花開花之
際，想移入居家室內欣賞時，可利用套盆的方
式增加觀賞性。

01

因應臺灣高濕及高
溫的環境，除基部
蓄水層的排水孔外，
可在容器上半部多
打幾個透氣孔，增
加透氣度。

06 　使用保特瓶為半水耕容
　　器的栽植情形。

02

開花中的瑪凱品種，
但因植群生長量大，
如容器底部未積水，
易發生倒伏。

03

直接套入漂亮的盆
器即可避免倒伏，
再移入室內佈置欣
賞，待花謝之後，
再移回原栽培場所，
接受足夠光線。

秋石斛蘭
Clown Feathers

圖中為秋石斛蘭的「泰國潑墨娃娃」品種，一種具有蝴蝶蘭花型的小型種，由親本 *Dendrobium* 'Dok Phak Bong' × 'Little Princess' 雜育而成，是具有潑墨般花色的迷你秋石斛蘭；「潑墨」通稱這類具有潑墨般的雙色花品種。開花後的潑墨秋石斛，在長新芽後，可轉換為半水耕栽培。上圖為水耕 7 個月開花。

秋石斛蘭

學名：*Dendrobium* 'Clown
　　　Feathers'

英名：Clown Feathers、
　　　Dendrobium

別名：泰國潑墨小公主、泰國蛇
　　　姬小公主

科別：蘭科石斛蘭屬

本種對臺灣的氣候適應性佳，
可以露天栽培，管理容易。株
高僅約 15 公分，花開時連花
梗的株高也不超過 50 公分。
新芽茁壯時於偽球莖頂部抽
出花序，北部冬春低溫較不
易開花。

水耕環境

* 室外全日照～半日照
* 室內窗邊或照明充足處

養護方式

* 介質接近乾燥時加水，讓水
　自然從排水孔流出

材料準備

* 潑墨秋石斛植栽
* 烙鐵、鐵絲
* 保特瓶或塑膠杯
* 發泡煉石

Tip

除了盆植外，亦可以板植直接
附生在木板或樹皮上，營造出
具生態感的壁掛栽植。繁殖則
以分株法為主。

塑膠杯半水耕

01　準備潑墨秋石斛盆
　　栽，使用烙鐵將栽
　　培容器打洞，填入
　　發泡煉石。

04　先將發泡煉石填入
　　約 1/3 ～ 1/2 杯，
　　再把植株放入容器
　　中。

02　脫盆後，將椰塊介
　　質全數剝除。

05　繼續倒入發泡煉
　　石，以輕輕拍打方
　　式固定植株。

03　用水將根系上的介
　　質洗淨。

06　如植株會晃動，初
　　期可加鐵絲固定，
　　以利根系生長。

[蕾麗亞蘭]
Laelia

本種為白花唇瓣內有紅褐色斑塊的 semi-alba 變種；另有純白花的 alba 變種，原種花色為粉紫色的品種。圖中植株已經半水耕栽培長達 8 年。

plant data

蕾麗亞蘭

學名： *Laelia rubescens* var.
　　　 semi- alba
英名：Laelia
科別：蘭科
屬別：蕾麗亞蘭屬

原產自墨西哥及中南美洲瓜地馬拉、薩爾瓦多、尼加拉瓜等地。株高約 8 ～ 15 公分左右，為複軸蘭，每個偽球莖上會有 2 片葉，栽培容易，於秋、冬季開花，花朵直徑約 4 ～ 7 公分，具有淡雅香氣。

水耕環境

- 室外半日照
- 室內窗邊或照明充足處

養護方式

- 介質接近乾燥時加水，讓水自然從排水孔流出

材料準備

- 蕾麗亞蘭植栽
- 保特瓶或塑膠杯
- 烙鐵
- 發泡煉石

Tip

蕾麗亞蘭喜好陽光充足環境，繁殖法以分株為主，除了以椰塊為介質盆植外，亦能以板植方式附植於木板上。

塑膠杯半水耕

01 半水耕栽培 8 年的植株，植叢已需分株重新栽植。

04 植株置入後再繼續填滿發泡煉石。

02 容器都已經老化，以 3 ～ 5 個偽球莖為單位進行分株。

05 以能固定植株為原則，但不能將偽球莖埋入介質內。

03 準備新的容器並打好洞，填入 1/2 杯發泡煉石。

06 栽培 40 ～ 45 天後，新生根系已經開始生長。

除了蘭花之外,其他科別的觀賞植物,亦能使用半水耕方式進行栽培。

Case.1

仙人掌科裸萼球屬(Gymnocalycium)植物

麗蛇丸 *Gymnocalycium damsii*

01

備好麗蛇丸盆栽。

02

利用回收的飲料杯為容器,以蘭石為半水耕介質。

03

麗蛇丸半水耕成品。

蘆薈科鷹爪草屬（Haworthia）植物

玉露 *Haworthia cooperi*

01

以鑽石鑽頭在玻璃杯底部側邊打洞，將玉露半水耕。

02

以白色蘭石為介質，較為美觀。

03

栽培 5 ～ 6 年後的生長情形。期間曾遭蝸牛啃食，植群漸漸再生成叢生狀。

 Tip

栽培數年後，白色蘭石外表會長滿褐色藻類，可視需求重新更植。

龍鱗寶草 *Haworthia* 'KJ's hyb.'

01

利用鳳梨造型的蠟燭玻璃瓶打孔，做為半水耕容器。

02

半水耕栽植近 5 年的 'KJ's 龍鱗寶草，生長良好。

Case.3

苦苣苔科岩桐屬（Sinningia）植物

大岩桐 *Sinningia speciosa* sp.

01

岩桐屬為岩生型植物之一，棲地常著生於縫隙間。取發芽的塊莖為材料。

03

置入大岩桐塊莖後，再填滿介質即可。半水耕的根系環境，濕度雖高，但透氣性亦佳。

05

栽培 50 天已經順利開花，且花色品質表現佳。

02

容器打好洞之後，填入發泡煉石約 8 分滿。

04

半水耕栽培近 40 天後，葉片成熟並產生花苞。

Tip

大岩桐的花形為五瓣合生的筒狀花，花被有絨布的質地。

大岩桐開花。

04

水生植物栽培示範

俗諺說：『無水不成園』，透過適當的水景設置，如：湖、假山水景、魚池、噴泉、泳池、水簾等，可達到豐富空間和調節微氣候的作用，增加居住的舒適感。在都會區又或是狹小的空間裡，水生植物居家水耕栽培方式，還是能營造一小區的水色景緻。

水生植物是最 EASY 的選擇

水生植物的定義嚴格來說，其生活史必須在有水環境下完成，即由種子發芽到開花結果都必須在有水的環境下進行。但一般廣泛的來討論水生植物，也包含了濕生植物，即生活史中僅有一段時期生長於水中，或生長於飽和含水量之土壤上的植物；諸如長在水岸上的野薑花、水柳等等都可納入廣義的水生植物範圍內。

利用水生植物進行居家水耕絕對萬無一失，將這類植物直接養在水中就能存活。水生植物栽培的要求，便是要能提供充足的光線為好，雖然大部份的水生植物喜好全日照或光線充足的環境，但也有部份的水生植物較耐陰，如光線不足，只要能提供人工光源輔助也能在室內環境栽培得宜，還多了水色及小魚的相伴，增添樂趣。

水生植物池的設置，能創造各類不同的棲地環境，提供各類動物棲庇的需求。

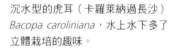

沉水型的虎耳（卡羅萊納過長沙）
Bacopa caroliniana，水上水下多了立體栽培的趣味。

依這些水生、濕生植物在水域環境中的分布狀況，可以再分成為沉水型水生植物（submerged plants）、浮葉型水生植物（floating leaved plants）、挺水型水生植物（emerged plants）及漂浮型水生植物（floating plants）等四大類。

植物對於光線需求為維持生命中最重要的因素，如能提供越穩定充足的光源時，植物於室內生長的狀況就越佳。這四大類的水生植物依其耐陰的程度，大原則的順序分別是：沉水型＞浮葉型＞漂浮型＞挺水型，但各類品種間還是有差異。

水 生 植 物 類 型

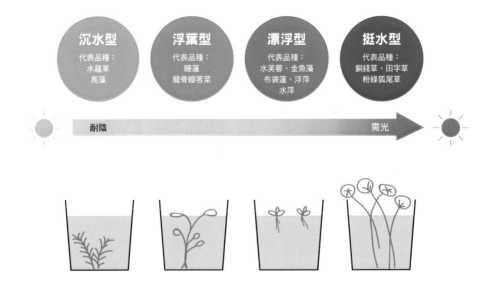

| 沉水型 | 浮葉型 | 漂浮型 | 挺水型 |
| 代表品種：水蘊草 馬藻 | 代表品種：睡蓮 龍骨瓣莕菜 | 代表品種：水芙蓉、金魚藻 布袋蓮、浮萍 水萍 | 代表品種：銅錢草、田字草 粉綠狐尾草 |

耐陰 ⟶ 需光

沉水型水生植物－馬藻
Potamogeton crispus

漂浮型水生植物－人厭槐葉蘋
Salvinia molesta

挺水型水生植物－荷
Nelumbo nucifera

浮葉型水生植物－龍骨瓣莕菜
Nymphoides hydrophylla

水生植物的生長紀實

沉水型植物在自然環境中多半生長在水下，光源入射到水中後受到水的阻隔，植物能利用的光源相對就少一些。浮葉型的植物，如：睡蓮或萍蓬草，除了貼於水面的浮葉外還能長出沉水葉，一來避免天敵的取食，二來增加水下對於光源的利用。

漂浮型的植物對光線的適應性也強，在林澤中亦能生長良好，如：浮萍，全日照下株型相對較小，陰暗處的株型則較大。挺水植物有些原本就長在沼澤或溪流的林緣處或石壁上，對光線的需求原本就較低，更有些挺水植物，還能夠在被水淹沒之時，長出適應水中環境的水下葉，以改變株型及葉片型態來讓自己適應環境。

Sample 01

水芙蓉
Pistia stratiotes

養在全日照或相對日照充足下的水芙蓉，株型大且較為壯碩，葉序排列緊緻。

Sample 02

浮萍
Lemna minor

強光下的浮萍，葉色偏黃、葉形小，部份有黃化或白化的個體。

Sample 03

水萍
Spirodela polyrhiza

使用水盤栽出一方小綠池，置入石塊及青花小陶偶，相映更顯有趣。

在弱光下的水芙蓉，相對株型小，葉序也較鬆散不緊密。

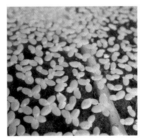

弱光下的浮萍，葉色青翠、葉形大。

栽培 30 天後，水萍已經長滿整盆，可適度移除及加水保持族群的平衡。

Case1.

零失敗的『小水榕』水草缸
···
Anubias barteri var. *nana*

選擇陰性的水生植物，如天南星科的小水榕，外觀就像是縮水版的白鶴芋一樣，是建議初學者必栽的水生植物種類之一，可自花市或水族館選購小苗，直接連同盆子與固定用的岩棉，放置於水缸中栽培即可。亦可在脫盆後，用線固定在石塊上，再置入盛水容器內栽培。

01　市售小水榕多栽於 2 寸盆中。選購回來後能直接投入水缸中栽培。

03　使用縫衣繩將植株固定於石塊上。

02　去除固定用的岩棉後備用。

04　將附石的小水榕投入水缸中栽培，更接近自然一些。

Tip　即便是辦公桌或居家的角落，也會因為這一小缽水生植物的綠意，提高生活的舒適感，因為它們只要泡水就能栽了，有機會的話一定要試著栽栽看。

［水蘊草］
Large-flowered Waterweed

水蘊草不一定要購買，野外數量多，可試著採集帶頂芽的枝條 10～15 公分回來水耕。沉水型的水生植物，比您想像中的耐陰，只要一段枝條和一個空瓶就能開始一個綠色的水生世界。

Memo

原生地水蘊草可長在四公尺深的水域深度，枝條長度可達 2 公尺以上，枝條節間易生出不定根來協助枝條的固定。春、夏間開花，花朵腋生、三瓣白色花瓣呈橢圓形，具有長花梗會開放在水面上。

水蘊草

學名：*Egeria densa*
英名：Large-flowered Waterweed
別名：蜈蚣草、密葉水蘊草
科別：水鱉科

原產於南美洲巴西、阿根廷一帶的沉水型植物，也是全球性的水生雜草之一。在臺灣各地的溝渠中皆可見到大量族群分佈，以北部縣市較多，如宜蘭縣。

水蘊草是觀察光合作用極佳的植物材料，在日間有陽光的環境下，可以在葉片上觀察到釋放出來的氧氣，一顆顆晶瑩剔透的像是珍珠。

....

水耕環境

* 室外全日照～半日照
* 室內窗邊
* 照明充足處

養護方式

* 每周定期加水，一段時間換水一次

材料準備

* 水蘊草枝條
* 透明瓶罐容器

01　河道或溝渠內生長的水蘊草，春季開花時，白色的小花會開放在水面之上。

02　採集回來的水蘊草，先隔離淨化至少一周，去除藻類及螺後，就能放置於水瓶內栽培。

03　後續可觀察當枝條變長時，留下帶頂芽的枝條上半部，續之栽培即可。

217

［金魚藻］
Hornwort

金魚藻曾經是臺灣水域中常見的水生植物，但因為外來物種，如：吳郭魚、福壽螺等的引入以致野生族群的消失。繁殖以分株或扦插為主，一小段枝條即可開始水耕，對光線的適應性佳也耐陰，生長快速。

漂浮型‧金魚藻

plant data

金魚藻

學名：*Ceratophyllum demersum*

英名：Hornwort，Coontail

別名：松藻

科別：金魚藻科

廣泛分佈於全世界的水域環境中，自成一目、一科、一屬，為多年生的漂浮型水生植物。全株沉沒在水中不長根，無法著生在水下的土壤中，可說是漂浮型沉水植物。莖細長、分枝性佳，可長達一公尺左右。翠綠色的線形葉片，2～4回分叉，輪生於莖節上，葉有細小鋸齒緣、末端二叉狀分歧。雌雄同株，花朵均開於水中。

水耕環境

- 室外全日照～半日照
- 室內窗邊
- 照明充足處

養護方式

- 每周定期加水，一段時間換水一次

材料準備

- 金魚藻枝條
- 魚缸或瓶罐容器

Tip

金魚藻除了單植外，也適用於與其他的水草混植，能與水生的藻類競爭水體養分，降低水生藻類的發生。

碗公或玻璃瓶水耕

01　剪取數段金魚藻的枝條，以頂芽為佳。

04　水分的補充方式，每週定期加水，但加水幾次後再定期換水一次。

02　放入數枝於盛水的碗公中栽培即可，能欣賞其柔美的葉序。

05　如金魚藻變長，可剪下頂芽，利用玻璃瓶罐分養。

03　可同時飼養幾尾金魚，金魚藻除了能穩定水質外，還能提供做為金魚的食物來源。

06　光線不足時，枝條的節間會較長，可每月剪下嫩枝數段重新水耕。

［布袋蓮］
Water Hyacinth

葉片基生，革質葉、葉形多
變，常呈闊卵形、長斜方形、
橢圓形均有；葉柄會膨大呈
海綿質的通氣組織，平均長
度 10 ～ 50 公分，夏、秋季
之間開花。當植株漂浮於水
面時葉柄會變短胖狀，膨脹
形成囊狀的結構。居家栽培
它們並不難，僅光線能越充
足越好，光線較不足時，葉
柄會拉長一些，其膨大的特
色會較不明顯。

布袋蓮

學名： *Eichhornia crassipes*
英名： Water Hyacinth
別名： 鳳眼蓮、浮水蓮花、鳳眼藍
科別： 雨久花科

原產自南美洲水域的漂浮型水生植物，於日據時代引入臺灣，生長快速是知名的水生雜草，但在物資缺乏的年代，布袋蓮也成了餵養家畜、家禽的替代飼料，近年更是運用於污水處理及淨化水質之用。其葉柄經處理後，是重要的編織材料；也能利用做為浮床的材料，是在水域中進行浮耕的重要資材，在東南亞更有綠色珍珠的稱呼。

⋯⋯⋯⋯⋯⋯⋯⋯⋯⋯⋯⋯⋯⋯⋯⋯⋯⋯

水耕環境

- 室外全日照～半日照
- 室內窗邊
- 照明充足處

養護方式

- 每周定期加水，一段時間換水一次

材料準備

- 布袋蓮側芽 1～2 株
- 廣口的淺缽或水盆
- 石礫或小石頭幾顆

01　採集或市購布袋蓮的植
株，挑選株型緊緻、葉
柄膨大圓潤的健壯植株
為佳。

03　建議以至少直徑 8 寸的
造型盛水盆器或水桶
為佳，內置卵石或小石
礫。

02　可利用食器、碗公直接
盛水栽培，但盛水容量
較小，僅能做短期欣賞
或假植之用。

04　將布袋蓮置入盆器內。
待植群穩定後，可放養
大肚魚，減少蚊蟲滋
生。

05 同時放養浮萍及水萍，
與水生藻類競爭陽光。

06 生長迅速，栽培 2 週後
即成美麗的布袋蓮水景
盆。

［浮萍］
Duckweed

浮萍也是超級新手等級的水
生植物，養浮萍很簡單，只
要有盛水容器就可以了。夏
季開花，但花小不明顯。

漂浮型・浮萍

浮萍

學名：*Lemna minor*
英名：Duckweed
別名：青萍、田萍
科別：天南星科浮萍亞科青萍屬

全世界廣泛分布，為多年生漂浮型水生植物，植株由葉狀體構成，常見由4片葉對生；每片葉具有1條根，由葉片下生出。具有出芽生殖的無性繁殖能力，能在短時間內大量繁殖。

水耕環境

- 室外全日照～半日照
- 室內窗邊
- 照明充足處

養護方式

- 每周定期加水，一段時間換水一次

材料準備

- 浮萍少許
- 碗型的蓄水容器

01　準備一只回收的碗公。盛入水約8分滿，再置入少許浮萍。

02　為加速生長，可加稀釋的液態肥。

03　栽培2週後就能長滿整個碗公。可置入漂浮型陶偶，增加趣味性。

225

[水芙蓉]
Water Lettuce

臺灣全島普遍分布;利用葉脈膨大變成通氣組織,有如氣囊般的組織,使植株能漂浮在水面上。居家栽培水芙蓉十分容易,只要一缽水就能開始,但盛水容器相對越大越好,夏季如盛水容器較小,水溫容易升高不利生存。如光線較不足時,植株的株型較開張,葉片也會變薄。

水芙蓉

學名：*Pistia stratiote*
英名：Water Lettuce
別名：大萍
科別：天南星科

原生於熱帶美洲的水芙蓉，為具匍匐莖的漂浮型水生草本植物。葉片呈倒三角形，少至多枚，葉片頂端會呈截形或具凹缺，葉全緣或近波浪狀緣，葉片具毛，以蓮座狀方式著生於短縮的莖，葉片簇生外形似萵苣，又稱水萵苣 water lettuce。

•••••••••••••••••••••••••••••

水耕環境

- 室外全日照～半日照
- 室內窗邊
- 照明充足處

養護方式

- 每周定期加水，一段時間換水一次

材料準備

- 水芙蓉 2～3 株
- 廣口的蓄水容器

Tip

水芙蓉花期在春夏季，可以注意觀察植叢的葉腋上具佛焰苞花序的小花。

碗公或玻璃容器水耕

01 準備盛水的玻璃容器一個；水裝入約 7～8 分滿。

02 再將水芙蓉投入容器內。

03 栽入三株水芙蓉之後，定期補水。

04 弱光下的水芙容，株型較小巧雅緻。夏季高溫期，容器較小水溫易升高而導致生長不良。

Memo

玫瑰水芙蓉 *Pistia stratiotes* 'Dwarf' 為園藝選拔株型較小、葉序緊密的品種，適合以小水缽栽培；但本種較怕冷，冬季株型會更小。

[田字草]
Water-clover

田字草為水生的蕨類植物，對於光線的適應性佳，能生長於光線明亮處，光不足時，葉柄會伸長，植群姿態相對柔美一些。繁殖法以分株為主，只要剪取數段走莖，利用赤玉土帶介質的水耕方式進行居家趣味水耕。

plant data

田字草

學名：*Marsilea minuta*
英名：Water-clover
別名：四葉菜、大蘋、
　　　南國田字草
科別：蘋科

多年生挺水型或濕生型的草本植物，常見生長於水田或池沼邊緣。具有根狀匍匐莖，細長柔軟、分枝性佳，於莖節上著生細根及葉；具長葉柄 8～20 公分，頂生的 4 片小葉呈十字形對生。於暖季生長快速，易密生成植群，嫩葉可供野蔬食用。

• • • • • • • • • • • • • • • • • • •

水耕環境

• 室外全日照～半日照
• 室內窗邊
• 照明充足處

養護方式

• 每周定期加水，一段時間換水一次

材料準備

• 田字草走莖數段
• 可蓄水的容器或盆器
• 底土（赤玉土或田土均可）

造型銅缽水耕

01　準備好造型銅缽、赤玉土及田字草走莖數段。

02　銅缽內置入赤玉土約 1/2-2/3 處，再將田字草走莖植入。

03　灌水後，置於光線明亮處栽培，光線越充足，葉柄短，植群會較緻密。

04　田字草水耕定植完成的狀態。暖季生長較快，涼季生長的速度較慢。

05　栽培 20 天後，走莖開始長出新生的葉片。

06　栽培 30 天後，田字草葉片茂盛，日後定期補水，待露出赤玉土表面時，即為加水時機。

粉綠
狐尾草

Parrot Feather Watermilfoil

由水族業者自南美洲引進，適應性強，現已歸化在臺灣平地至低海拔
山區，常見於稻田、溪流及池塘，以宜蘭及屏東有大量的歸化族群。
小型的挺水植物，株高約 10 ～ 20 公分；朱紅色絲狀沉水葉、在水族箱
中栽培極好看。粉綠狐尾藻較好挺水型的生長方式，可自野外採集帶
頂芽的嫩莖 10 ～ 15 公分長，以插水的方式進行室內趣味水耕。

plant data

粉綠狐尾草

學名：*Myriophyllum aquaticum*

英名：Parrot Feather、Watermilfoil

別名：粉綠狐尾藻、綠羽毛、青狐尾

科別：小二仙草科

多年生挺水型的草本植物，粉綠色的羽狀挺水葉，看起來有如綠色的羽毛一般，株型美觀又可適應水域及陸域的生活環境。當水位變高、植株淹沒水中後，經適應及馴化的過程，能長出紅色的絲狀沉水葉來。當水位又變低時，則能再生長出適應陸域的綠色羽狀複葉。

水耕環境

- 室外全日照～半日照
- 室內窗邊
- 照明充足處

養護方式

- 每周定期加水，一段時間換水一次

材料準備

- 粉綠狐尾草枝條
- 魚缸或瓶罐容器

陶杯水耕

01　剪取粉綠狐尾草帶頂芽的枝條數段，長約 10～15 公分。

02　去除下位葉部份，以插入水中的葉片均能去除為宜。

03　將枝條直接投入陶杯中即可。水耕初期因枝條失水略有垂態。

04　杯上放置一塊礁岩，增加盆趣的氛圍外，可減少蚊蟲入侵的機會。

05　栽培一周後恢復鮮挺狀態，葉片的水分蒸散量大，需適時補水。

06　可適當摘心，以利分枝及矮化植群。

［銅錢草］
Whorled Umbrella

銅錢草是非常受到歡迎的小型挺水型水生植物，除用做水生植物栽培外，也做為小品盆栽成為花市中的長紅商品。植株完全沉水時也能適應生存一段時間，圓潤飽滿的盾形葉可愛討喜。

Memo

夏秋季花期之間，花序腋生，一小串一小串的生長在圓形葉片之中，繖形花序以 2～6 朵為一個花序，黃綠色近乎白色的五瓣花。

挺水型・銅錢草

plant data

銅錢草

學名：*Hydrocotyle verticillata*
英名：Whorled Umbrella
別名：香菇草、圓幣草、錢幣草
科別：繖形花科

原為水域邊上的地被植物以匍匐的生長方式蔓延，地下莖發達、其節間易長生根和葉，莖節上抽出長葉柄和近圓形的盾形葉片來，葉片無毛具有波浪緣。

•••••••••••••••••••••••••••

水耕環境

- 室外全日照～半日照
- 室內窗邊
- 照明充足處

養護方式

- 每周定期加水，一段時間換水一次

材料準備

- 銅錢草走莖數段
- 蓄水容器或盆器

造型盆器水耕

01　備好盛水造型盆器，及數段銅錢草走莖。

02　將走莖直接放置於盛水盆器內。

03　走莖亦可盤繞於盆器內，再加入水即可。

04　栽培一周後，新葉由走莖上萌出。

05　栽培 10 天後，可以將原先的葉片，及過長的葉片剔除。

06　栽培 45 天後已馴化成居家觀賞的水耕小盆栽，定期補水即可。

[熱帶睡蓮]

Water Lily

花市多稱為香水蓮，有日、夜間開花的品種，日開品種花梗堅挺會伸出水面；夜開品種花朵多半浮在水面上。熱帶睡蓮葉呈心形，多有鋸齒緣。花形大、花期長、色彩多具有香氣等特色。多數熱帶睡蓮品種，於葉面上、葉柄著生處，易生不定芽，可利用葉片上的不定芽小芽進行居家水耕；宜放置於半日照或光線明亮環境下栽培為宜。

熱帶睡蓮

學名：*Nymphaea* sp.
英名：Water Lily
科別：睡蓮科

睡蓮是世界最古老的被子植物，據化石的證據説明，距今已有 1 億 5 千萬年以上的歷史，於冰河時期已廣泛分布於全球，除了南極外各水域沼澤環境都有分佈。

••

水耕環境

- 室外全日照〜半日照
- 室內窗邊
- 照明充足處

養護方式

- 每周定期加水，一段時間換水一次

材料準備

- 睡蓮小芽或小球莖數棵
- 蓄水容器
- 底土（赤玉土或田土均可）

中型碗公水耕

01　取自葉片上形成的不定芽小苗為居家水耕的材料。

02　栽培容器為中型碗公，赤玉土填入約 1/2 ～ 2/3 的量，再將小苗植入。

03　緩緩的加入水，以淹沒植株為好。

04　同時於水面上，放養幾片浮萍及水萍，用以與水生藻類競爭陽光。

05 　加水後，可再加入稀釋
2000 倍的營養液，以利
初期生長所需。

06 　栽培 2 周後的現況，利
用碗公限縮睡蓮的生
長，日後定期補水及視
生長狀況施用營養液。

低維管的自然種植水草缸
Natural Planted Tank；NPT

NPT 水草缸的栽植法是由美國一位長期研究湖泊、沼澤與水草生態的 Diana Walstad 微生物家，所發展出栽種水草的方式，稱為自然種植水草缸或天然水草缸（natural planted tank），簡稱為 NPT 水草栽培方式；為了讚許 Diana Walstad 微生物家，這種方式亦稱為 Walstad method 註。早在十幾年前開始風行，迄今熱潮不減，有更多水草愛好者的投入，證實 NPT 水草缸可讓您輕鬆管理一缸的水水世界。

註：Walstad method — No more CO2 injections, no more fertilizers, and no more, frequent water changes.

NPT 水草缸有別於傳統水草缸的特點

1. 設備更簡單：不需要額外加注二氧化碳及使用肥料，也能維持水草的生長姿態。

2. 不需要經常換水：較傳統水草缸，每 1 ～ 2 周要換水一次的維護管理來說，更為簡便。

3. 維護更容易：利用 NPT 水草缸栽種的方式，不加注二氧化碳及施肥，僅以土質的底床供應水草生長所需，生長雖相對緩慢，卻也省下需要經常修剪的管理工作。

4. 光線需求低：NPT 水草缸，水草生長所需的光線照度較傳統水草缸少了一半以上，如無法有自然光，利用人工光源也能栽培，每公升的水只要 0.5 ～ 0.8 瓦的光照強度，就能將維持水草生機與綠意。

5. 成本更低：因不需要加注二氧化碳及額外的照明，成本大幅降低，能省下部份的設置費用。

NPT 水草缸的生長紀實

Sample
01

氣泡椒草

原用於插花的花器，做為 NPT 水
缸草的容器，栽入氣泡椒草培養。
本圖的缸子已經種植將近 5 年。

Sample
02

象耳澤瀉

使用造型玻璃瓶為容器，栽入象
耳澤瀉高芽的 NPT 水草缸。本圖
的缸子已經種植將近 3 年。

NPT 水草缸的器材準備

赤玉土

黑土

{ 水缸 }

初學者進行水草缸佈置時，首重水缸的選擇，高度 45 ～ 65 公分為宜，過深的缸或瓶，會影響到光線照入的強度，造成光照量不足。兩尺缸（60x40x33 公分）大小最適中，且水缸本身形成 1：1.618 的黃金比例，無論如何造景或栽種，都能符合美的原則。

{ 底沙 }

土質底床是 NPT 水草缸最重要的設備要件，一般建議使用赤玉土即可，如經費允許，也可以使用水草缸專用的黑土。栽植床的厚度至少需要 5 公分，才便於水草枝條的固定。

{ 光源 }

最後是光源的選擇，建議以近太陽光或白色的光為佳，或以 1 公升需要 1 瓦的照度計算，如水體為 20 公升，那麼照明的燈具就需要 20 瓦的照度。現今有許多新型更省電的 LED 照明設備可供選擇。

但視水草栽種的種類，一般需要照明 6 ～ 10 小時為宜；如為陰性的水草，即不需強光的草種，如：小水榕，照明時間約 4 ～ 6 小時；如為陽性的水草，像是葉色鮮紅的水草種類，照明時間建議 8 ～ 10 小時為宜。

利用室內照明，提供 NPT 水草缸的生長所需。

光照度過強反而容易滋生藻類。

Case. 1

NPT 水草缸小試身手

植栽的選擇可依個人喜好，但建議初學栽植較耐陰性的水生植物為佳。
在此以「象耳澤瀉」*Echinodorus cordifolius* 來示範。

01　備好容器，置入赤玉土，厚度 4～5 公分最適宜。

03　將象耳澤瀉栽入赤玉土中。加水時緩緩加入，以間接的方式將水注入玻璃缸內，避免直接灌注。

02　備好象耳澤瀉花梗上的高芽。

04　栽種半年後，象耳澤瀉已經馴化，長成水下生長的形態。

Case. 2

溫蒂椒草（*Cryptocoryne wendtii*）水草缸

以水草缸專用黑土為底床介質，選擇一種水草，單獨栽種也很美。

01

填入約 4～5 公分厚的黑土，大約 2～3 指幅的寬度。

03

再用鑷子將溫蒂椒草植入底床內。

05

栽植 60 天後的情形，沉水型的溫蒂椒草開始適應長出新生的葉片。

02

取溫蒂椒草 3～4 芽，先去除老葉或殘葉後備用。

04

以間接注水的方式緩緩的加水，勿直接灌注，造成底床介質的擾動。

06

為長期栽培，放入金魚藻可與水中的藻類競爭，保持水質的清淨。栽培於窗邊，照明以明亮的自然光源為主。

Case. 3

表現不同型態樣貌組合的水草缸

水草自水族館選購回來後，在進行 NPT 水草缸栽種之前，可利用水桶加水先隔離植栽觀察 1 ～ 2 天，並移除發現的螺類。

合植水草缸的水草準備

臺灣萍蓬草 / 1 株
Nuphar shimada

泰國水劍 / 1 盆
Cyperus sp.

氣泡椒草 / 2 盆
Cryptocoryne aponogetifolia

皇冠草 / 2 盆
Echinodorus sp.

01

先將赤玉土置入瓶中，約
3指幅近4～5公分厚度。
亦可將赤玉土打濕後再植
入水草。

03

可依個人喜好，再置入皇
冠草等大型的主景植物。

05

植入部份莖節型的水草及
生長較快的類型，如：柳
葉菜科的小紅莓，能與藻
類競爭水中的養分。

02

如以岩棉固定的植栽，先
移除盆子及岩棉，根系整
理洗淨後再種入瓶中。圖
中為臺灣萍蓬草，將根莖
埋入赤玉土。

04

加入氣泡椒草、泰國水
劍，利用植群的多樣性及
葉片對比的差異性，增加
觀賞時的趣味。

06

水草栽種完成。

07

以間接方式注入，把水倒
在手心再緩緩順著流入水
缸內，以免破壞造景。

09

栽植半年後合植式的 NPT
水草缸，水色清透，水草
健康生長。

08

初期水較混濁，可在栽植
的前 1～2 周，換水 1～
2 次。

Memo

假如缸壁上會出現褐藻，可配合換水
時，以濾棉擦拭乾淨。另外也可視缸
的大小養 1～3 尾魚，防止蚊子滋生。

Case. 4

低維護管理水草缸

合植較為耐陰的幾種水草，即使在光線條件稍差的環境，仍可維持生長，還可以視缸子大小，養幾尾小魚，除了豐富生態，能避免孳生蚊蟲，讓管理更輕鬆。

01　玻璃瓶放置約 4～5 公分高的赤玉土，栽植帶有泥或粘土介質的水草盆栽，不需將底泥去除。

03　將象耳澤瀉 *Echinodorus cordifolius* 的高芽植入赤玉土中。

02　直接將主景植物氣泡椒草 *Cryptocoryne aponogetifolia* 種入。先種帶有粘土介質的植栽，再種沒有介質的水草植栽為原則。

04　再種入線條型的水草－泰國水劍 *Cyperus* sp.。最後以間接注入水的方式將水裝滿即可。

05　象耳澤瀉及氣泡椒草栽
培半年後，都已適應長
出水下的沉水葉及新
葉。缸中養有一尾神仙
魚點綴。

06　此缸放置於展場中，每
周僅有三日開啟投射燈
仍可維持生長。

Memo

雖然 NPT 可以減少換水次數，但建
議每個月除了補水外，如能更換 1/3
的水，更有益於水草缸的維護管理。

05

底部給水法栽培示範

當我們把水澆灌到盆器中,其實有絕大部分的水是流掉浪費的,只有那些存在介質孔隙中的水(稱為毛細管水),才能被植物的根系吸收利用。因此改從盆器的底部往上吸水,持續補充介質中失去的水分,除了更省水,還能夠維持介質中的毛細管水,是非常值得推廣的方法。

什麼是底部給水法？（sub-irrigation）

底部給水的方式稱為 sub-irrigation；irrigation 原文字意為灌溉的意思，這種給水的方法被泛稱 self-irrigation 或 self-watering，是居家常見的給水方式之一，也就是在盆缽下方放置水盤或讓盆栽泡在水盤之中。

放置水盤的好處是避免因為澆花，外滲的水弄髒了居家環境；另外也常有人為了省事，直接在水盤裡盛水，並將植物泡在水盤中從底部吃水。這樣給水的方式雖然很方便，而且一個大水盤還能同時提供數盆植物所需，但如未能把握乾濕交替，一直讓水盤處於有水的狀態，除了容易滋生蚊蟲，也因長期讓介質泡在水中，根部呼吸不良，會讓植物生長發生障礙。

底部給水法：
水盤＋顆粒介質
在盛水的空間內，填入顆粒狀的介質，水會透過介質的間隙提供植物所需，根部也不會長期浸水或孳生蚊蟲。

底部給水法：
水盤＋保濕棉
亦可以利用過濾棉或不織布填入盛水空間，利用底部濕潤的棉及含水層，提供植栽生長所需，還能提高微環境濕度，有益植物生長。

底部給水法：
水盤

盆栽下方放置水盤能提高微環境的濕度，有益植物生長，但要把握底盤要有乾濕交替的間期，以防止蚊蟲滋生。

底部給水法的生長紀實

Sample 01

迷你岩桐「淑女紅」品種
Sinningia 'HCY's Lady Red'

經過商業設計製造的花盆，盆栽底部裝置不織布棉條，從底部加水，以虹吸的方式補充介質中的水分，亦能兼顧介質所需的透氣性。

利用市售底部給水花盆套件，
栽植迷你岩桐。

連續栽植 3 年以上，開花後剪除地上部，新生的芽能再次開花；平均一年會開放 3 次。

Sample 02

觀葉植物合植：
檸檬千年木＋粉露草＋鐵線草

盆栽有內、外盆的設計，內盆底部有棉芯能直接自外盆吸水，間接供應介質蒸散不足的水分；外盆則設置溢流孔，防止水位過高，導致介質泡水或因介質過濕而根部呼吸不良。

陶盆的設計，很有東方的情調。以檸檬千年木（黃綠紋竹蕉）*Dracaena deremensis* 'Warneckii Striata' 為主角，與粉露草 *Hypoestes phyllostachya* 及鐵線草做成組合盆栽。定期從底部加水即可供應植物水分。

底部有吸水棉芯。

溢流孔。

迷你非洲菫 *Saintpaulia* sp.

超商集點送的療癒盆栽，也是利用棉線吸水法的原理來設計成商品，
從底部給水，不用擔心忘記澆水，讓栽花更簡單。

底部是玻璃水杯，內部盛土盆器
有內外盆的設計；內盆為透明的
塑膠盆。

以水苔鬆植的方式，栽培迷你型
的非洲菫，可自透明的內盆觀察
到根系生長的狀態。

以下我們將介紹底部給水的兩種做法，一為「棉線吸水法」，另一則為「自製底部給水容器」，都能發揮底部給水的好處，省去惱人的澆水管理。

棉線吸水法（Wick watering）

棉線吸水法的設計就是在盆器的底部加設一條繩芯，如棉線、絲襪或布條等，便能開始 self-watering 的機制。居家可以利用廢布料以及各類回收的容器，DIY 打造出自動給水盆器。

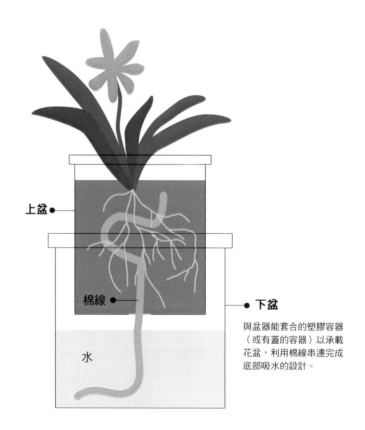

上盆

棉線

下盆
與盆器能套合的塑膠容器（或有蓋的容器）以承載花盆，利用棉線串連完成底部吸水的設計。

水

Case. 1

製作盆栽的吸水繩芯

繩芯的材質與粗細也會影響到供水的多寡，一般需視盆器的大小及所栽植的植物，提供適當的繩芯粗細，便能穩定供給水分。建議利用居家常見的紙袋提把、綁粽子的棉線、不用的毛線、穿不到的衣物布料來製作繩芯。

01
將繩芯材料剪成適當長度的條狀。

03
單條就能營造棉線吸水的功能，為求美觀及提高供水效率，以U型方式於盆底穿線。

05
吸水繩芯製作完成。

02
將布條由盆底的排水孔穿過，拉至上緣打結。

04
繩芯兩端打好結，即可將植物種入。

06
繩芯會持續吸水供應植物，底部水量差不多吸乾時再補充清水。

Case. 2

將植物定植到市售的自動給水盆器

從花市或園藝資材店，買回已設計好的 self-watering 盆器，外盆盛水、內盆植籃綁製棉繩，做為底部吸水之用。在此以非洲董作示範，將她定植到內盆。

01 市售的self-watering盆器，外盆盛水；內盆植籃綁製棉繩，做為底部吸水之用。

03 內盆先置入少許水苔墊底，以鬆放不壓實的方式為要點。

02 介質材料以吸水性佳的水苔為主。備好健壯的非洲董植株。

04 將非洲董脫盆，可移除部份栽培介質，並剔除外葉3～5片後植入。

05 如在進行定植時，觀察
到有側芽，應剔除分株
為宜，側芽過多會影響
開花。

07 內盆有縱向的透氣缺
口，外盆裝水再把內盆
套入。由植籃內澆水，
讓介質與棉繩充分濕
潤。後續由棉繩從底部
吸水供應。

06 盆口繼續以水苔鬆鬆的
塞入。塞的過實會導致
透氣性不佳。

08 初期適應如為節省植株
養分，可將花摘除，讓
植株先養壯，以利後續
生長花開。

輪葉紫金牛

Coralberry

近年經由園藝化成為室內小品盆栽,為多年生半蔓性的小灌木,具匍匐莖,莖節及葉背具有毛狀附屬物。卵形或倒卵形的葉,具鋸齒狀葉緣。

plant data

學名:*Ardisia pusilla*
英名:Coralberry、Marlberry
別名:毛莖紫金牛、九節龍、蛇藥、獅子頭、矮茶子
科別:報春花科

原生在森林底層的輪葉紫金牛相對耐陰,能忍受光照不足的環境。

Memo

另有斑葉品種,又名花葉或斑葉紫金牛 *Ardisia pusilla* 'Variegata'。

使用紙袋棉線提把做吸水繩芯

01

利用馬克杯為盛水容器,以紙袋的棉線提把做繩芯。直接利用鐵線或小棍棒協助,由盆底排水孔,塞入至介質中。

02

馬克杯盛水,以棉線吸收水分,待杯內水乾後再加水即可。

銀葉冷水花
Aluminium Plant

銀葉冷水花十分耐陰，適合在半遮陰或明亮光照的環境下栽培。

常綠的多年生草本植物，較怕低溫，相對喜好較高濕的環境，室內栽培時利用棉繩吸水法供水，並適度於葉面噴霧，可讓葉面更加美觀。

plant data

學名：*Pilea cadierei*
英名：Aluminium Plant、
　　　Watermelon Pilea
別名：銀脈蝦蟆草、花葉冷水花、
　　　白雪草、火炮花、鋁葉草
科別：蕁麻科

使用中國結線材做吸水繩芯

01
利用竹筷協助，將中國結的線材自排水孔穿到介質中。

02
應充分澆透後，讓繩芯與介質能同時濕潤，再套入盛水的塑膠杯或瓶罐中。

其他棉線吸水法推薦栽培植物

嬰兒眼淚
Pilea depressa

為多年生的草本地被植物。植株低矮，莖
匍匐狀略具蔓性，長約 15～40 公分，為
常見的室內植物。

喜好溫暖潮濕的環境，以明亮環境為佳。
利用棉線吸水法栽培，可以節省澆水的次
數，也能時時保持濕潤狀態以利生長。

吸水棉芯是使用回收的粽繩，洗淨後剪取
一段約 10 公分左右，利用鑷子將棉線自
排水孔穿入介質中。

非洲菫
Saintpaulia sp.

 Tip 非洲菫因全株密佈毛狀附屬物，能吸附空
氣中的落塵（30.53 mg/cm² 的效率是室內
植物的佼佼者）；在較低光照便能啟動光
合作用，移除室內二氧化碳，被選為室內
淨化空氣植物之一。

經園藝化及人為常年的選育之後，非洲
菫成為名符其實的室內花后，不論葉
型、葉色、花型、花色皆十分多變，能
適應低光照，如窗邊散射光環境都能栽
好非洲菫。生長適溫為攝氏 15～25 度，
為冬、春季極佳的室內盆花植物。

底部給水容器 DIY
（Self-irrigation Planter DIY）

在歐美稱這類設計的花盆或盆器為 self-irrigation planter 或 self-watering planter，可直譯為自動灌溉或自動澆水的盆器。

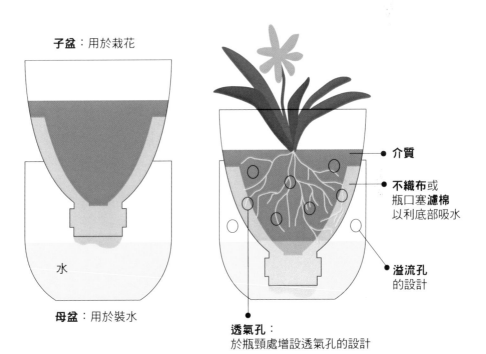

子盆：用於栽花

水

母盆：用於裝水

介質

不織布或
瓶口塞濾棉
以利底部吸水

溢流孔
的設計

透氣孔：
於瓶頸處增設透氣孔的設計

Case. 1

保特瓶底部給水盆器
Pop Bottle Self-irrigation Planter

··

為推廣環境永續及節水的栽花方式，運用底部灌溉的原理，可以善用回收的保特瓶、馬克杯或玻璃瓶製作獨特的底部給水容器，讓花園一同過減塑生活。

01 準備 2 公升保特瓶、尺、美工刀、油性麥克筆。

03 瓶身為外盆－盛水用。瓶口向下，倒扣成為內盆，圖為半成品。

02 瓶頸長度有 10 公分，由瓶底量 10～12 公分，麥克筆畫出切割線再切開。

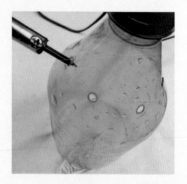

04 於瓶頸處，利用烙鐵或錐子，製造透氣口。

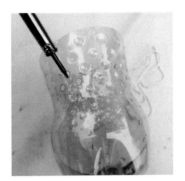

05 　瓶身處，製作溢流口兼具
　　透氣孔。

06 　瓶蓋可以保留，打孔後
　　穿棉線做為吸水材。

07 　先填入發泡煉石做為底
　　層，再填入培養土為栽
　　植層。

08 　栽入小葉左手香 *Plectranthus
　　socotranum*，培養土填滿
　　後，用手輕拍以利培養土
　　與根系密合。

09 　由上面澆水，讓培養土與棉
　　線能同時濕潤。底部裝水，
　　以利棉線吸水供應植物。

Case. 2

玻璃瓶底部給水盆器
Wine Bottle Self-irrigation Planter

原理與前述相同,但改成使用各類酒瓶來製作,雖然在製作上較為費心,
但完成的盆器栽上各類室內植物,能表現出更精緻的質感。

OK

將酒瓶切成兩截,以瓶底為外盆,瓶口倒扣成為內盆,裁切恰當時,瓶身與瓶底能吻合。

NG

切割線位置若未計算恰當,瓶底的切割位置過低,以至倒扣時無法吻合。

不慎切割 NG 的酒瓶,還是可以利用水泥灌漿的方式,製做合適的盆器。水泥與玻璃質地對比強烈,栽入花草後風格獨俱。(做法請參考 p.269 的說明)

Stage 1　玻璃瓶切割 — 確認切割線

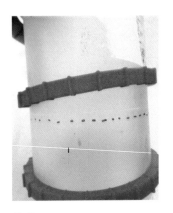

01

先丈量瓶口到瓶頸的長度,如為 11 公分。自瓶底向上量 11 公分。

02

視玻璃瓶種類需加計瓶底內凹的長度。加計內凹的長度 1 公分,因此切割線為 12 公分。

03

畫出切割線後,利用鑽石刀或鎢鋼刀片畫出淺割痕。或利用市售玻璃切割器協助切割。

Stage 2　以熱脹冷縮原理切開玻璃瓶

玻璃瓶為一體成型的產品，質地很均一，只要在玻璃瓶身上製造出淺割痕後，
利用熱脹冷縮的原理即可斷裂在割痕處。

熱水法

01

利用熱水澆淋在淺割痕上。

02

因為熱脹的原理，讓瓶身斷
裂為二。

03

但缺點是，如加熱面過大，
玻璃會呈現不規則開裂，以
致切割失敗。

蠟燭燒製法

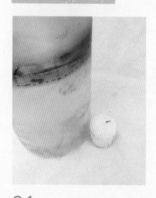

01

利用蠟燭，能控制火源，集
中於切割線上加熱，但點燭
火在明火上的使用需小心。

02

待平均加熱後，將瓶子置入
裝水的水桶中，利用冷縮原
理，能於加熱過的切割痕上
斷裂酒瓶。

03

以燭火或熱水切開後，需以
砂紙或鑽石銼刀打磨至不反
光、無銳利邊緣以免傷手。

Stage 3　栽種植物

利用玻璃瓶底部給水盆器，還有一個好處就是因具有一定的盆高，適合用於展現常春藤這類枝條柔美的姿態。

常春藤 *Hedera helix*

01　於瓶口處，塞入濾棉或能吸水的回收布料，做為底部吸水用的棉芯。

03　將常春藤種入，再於表面鋪上一層水苔，以利濕度的增加及維持。

02　於內盆基部鬆散的放入潮濕的水苔介質，以利棉芯的水分向上傳送，再置入培養土。

04　定植後充分澆水到介質濕透，再置入盛好水的瓶底外盆即完成。

密葉腎蕨 *Nephrolepis exaltata* 'Fluffy Ruffles'

01　取另一酒瓶比照辦理。
　　以鬆散潮濕的水苔種入
　　密葉腎蕨。

03　瓶口要維持能吃到水，
　　讓瓶頸中的濾棉能持續
　　吸水，供應植物所需。
　　待水位低於瓶口時，可
　　加水或換水。

Tip

密葉腎蕨為極佳的室內空氣淨
化植栽，能移除甲醛等有機物
質。

02　於內盆基部鬆散的放入
　　潮濕的水苔介質，以利
　　棉芯的水分向上傳送，
　　再置入一層培養土。

酒瓶水泥灌漿盆 DIY

運用酒瓶口結合水泥灌漿的方式，創造出酒瓶水泥灌漿盆，因瓶頸處具有一定的深度，所以灌漿創造出來的盆器有一定的高度，栽種室內植栽時，也因盆高而增加觀賞的價值，特別能呈現那些葉片柔美或具有蔓性枝條的室內植栽。

大銀脈蝦蟆草
Pilea spruceana 'Norfolk'

01 選用回收質地較厚的紙，如月曆紙。以瓶身為模將紙圍成一圈後，以透明膠帶黏牢。

03 紙模完成側面照。需注意，酒瓶切開的斷面要研磨平整，以免割傷。

02 紙模製作完成。可以利用紙模捉皺的方式，創造盆器表面的特殊紋理。

04 以體積比，水泥：砂＝1：2的方式，調勻適量所需的水泥漿，約略如稀飯的稠度。

05 待水泥乾了即可去除紙模。另可使用市售各類速乾水泥（如公仔水泥），縮短製作時間。

白玉鳳尾蕨
Pteris cretica 'Albo-Lineata'

06

礫耕玻璃小花房

英國維多利亞時代,盛行將植物種在玻璃
容器之中,創造出各種不同的景觀型式,
如:森林、沙漠等各類花園風格,時至今
日依然十分流行。運用這個概念,我們結
合礫耕方式,在玻璃缸的微環境中栽種植
物,尤其是常見的室內小品植物,或部份
喜愛高濕度環境的植物都特別適合,即便
不特別營造場景或造景,仍可表現玻璃花
房獨特的精緻感。

如何設置玻璃小花房

玻璃小花房內部一般建議鋪設三層：底層—蓄水層、中層—隔離層、上層—介質層，並從上面給水，材料與目的如下：

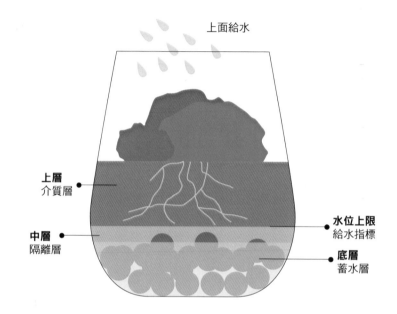

上面給水

上層
介質層

中層
隔離層

水位上限
給水指標

底層
蓄水層

第一層：蓄水層

鋪置發泡煉石或其他顆粒狀的礦物性介質。顆粒大小視需求選擇，一般以中或大顆為佳。因玻璃容器無排水孔，日後澆水以蓄水層沒有水時再澆水，澆水的量不超過蓄水層的上限為宜。

第二層：隔離層

常以密鋪、剪碎的水苔為主。為增加底部吸水的效率外，可以防止介質層的培養土掉落至蓄水層。使用不織布或細紗網代替亦可。有些為延長玻璃花房的觀賞期，會在本層放置活性碳顆粒，吸附植物根部釋放的不良物質。

第三層：介質層

目的用以栽培植物為主。厚度視玻璃容器的尺寸調整，一般建議為蓄水層的1～2倍為宜。介質視栽培的植物種類而定，可單用一種如赤玉土、黑土或水苔；亦可使用混合式介質，常用配方以泥炭土：珍珠石：蛭石＝1：1：1。

採用開放式／封閉式小花房？

臺灣常態的環境較為潮濕、悶熱，為有效延長玻璃小花房的觀賞期限，建議採開放式的礫耕玻璃小花房設置；封閉式的玻璃小花房，常因為水氣蓄積造成觀賞時的阻礙外，也經常因為高溫及不通風而增加植物栽培上的困難度。

開放式礫耕玻璃小花房

類封閉式玻璃小花房
利用玻璃罩將植物罩起來，濕度會很高，如夏季管理未能得當，易因過於悶熱、潮濕而造成栽培上的困難。這類的花房，需慎選植入的品種。

礫耕玻璃小花房的生長紀實

Sample 01

迷你非洲菫
品種名：公主藍眼睛
Saintpaulia 'Princess
Blue Eyes'

利用玻璃水壺，以珍珠石為
礫耕材料栽培至開花。

Sample 02

粉紅喜蔭花
品種名：埃及艷后
Episcia 'Cleopatra'

以玻璃缸礫耕的方式栽培，
營造高濕環境，讓植物生長
良好。

Sample 03

羅漢松
Podocarpus
macrophyllus

將小苗以礫耕的方式，栽植
在廣口的玻璃瓶中。融入玻
璃花房的概念，營造不同的
視覺效果。

Sample 04

卷柏
Selaginella apoda

卷柏需要高濕環境，利用礫
耕方式，提高濕度外，加入
小房子花插，添加情境氣氛。

Sample 05

苔蘚 / 白髮苔
Leucobryum glaucum

苔蘚植物也適宜以礫耕小花
房的方式栽培。瓶中為栽植
近半年的白髮苔。

Sample 06

超迷你岩桐
品種名：普西拉
Sinningia pusila

受限於玻璃容器的大小，栽
入的植物種類很重要，以生
長緩慢、株型迷你的為佳。

玻璃小花房日常管理需知：

1. 千萬不能過度澆水

只要保持底部蓄水層有水就不需要給水，何時再澆水，很簡單看看蓄水層，乾透時給水即可。水過多一旦超過蓄水層，根部會有呼吸不良的問題，而且過度潮濕一旦栽培環境條件不佳時，也會誘發疾病的發生。

2. 適當修剪

花房內的植物，仍需要適當的管理與修剪，除了維持較好的觀賞品質之外，二來可以減少因為落花、落葉等植物殘體造成微環境的污染。

3. 肥料的管理

放在光線明亮的環境栽培，以保養玻璃花房的植物為先，如植物生長良好時，再考慮施肥的必要。建議以無機的緩效肥為佳，視花房的大小，定期每季施用。

4. 避免花房放置在直射的陽光下

放在直射的陽光下，會因為玻璃蓄熱的關係，導致植物悶熱或造成不必要的熱傷害。

Memo

開放式的玻璃花房，對水分的控制較為容易，如是封閉式有加蓋的玻璃花房，萬一過度澆水時，可以掀開蓋子讓多餘的水分蒸散以利水分的控制。

移除超迷你岩桐的落花。

［喜蔭花］
Flame Violets

喜蔭花植株低矮，為常綠多年生蔓性草本植物，具匍匐性，葉色斑斕美麗且易栽種。喜愛陰涼、高濕度、耐陰性佳的特性，以玻璃小花房的方式養護，同時兼具保濕保溫的效果，觀賞時更顯精緻。

plant data

學名：*Episcia* sp.
英名：Flame Violets
別名：紅桐草、銅葉喜蔭花
科別：苦苣苔科

栽培在玻璃碗公中的喜蔭花植群。帶光澤感的葉片，像是鋪在玻璃碗裏的寶石。

01

選用玻璃碗公為容器，以基部 2～3 公分做為蓄水層，放置發泡煉石（或其他顆粒性介質）。

03

取下喜蔭花走莖上的高芽，植入水苔的栽植層中。

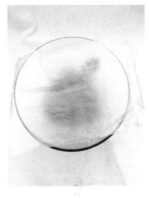

05

栽植初期 1～2 週，以塑膠袋覆蓋的方式保濕，以利喜蔭花長根及適應。

02

在蓄水層上鋪一層剪碎的水苔，做為栽植層。水苔的厚至少要有 1～2 公分，最多不超過 3 公分。

04

可挑選幾款不同葉色及株型大小的喜蔭花品種進行合植。

06

栽植 3～4 週後，喜蔭花植群已經適應，開始於玻璃碗公中生長。

喜蔭花

2019 年 06 月 04 日。栽培
5 個多用後，植叢已經生
長接近爆缸，可以進行局
部修剪，或重新設缸。

01

2019 年 01 月 10 日。使用水滴型造型玻璃缸為容器，底層放置 3～5 公分厚的發泡煉石為蓄水層。將迷你喜蔭花「銀色天空」品種 *Episcia 'Silver Skies'* 做成苔球，半埋至蓄水層中。

03

2019 年 03 月 16 日。利用植物燈蓋提供照明，進行補光外，經過光線的鋪陳，玻璃小花房的展示效果極佳。

02

2019 年 03 月 13 日。 以室內光源栽培 2 個月後的生長狀態。冬季喜蔭花生長較為緩慢，置入陶偶增加栽種氣氛，營造出小兔喜蔭森林的情境。

04

2019 年 03 月 26 日。氣候回暖，喜蔭花的生長速度會快一些，產生走莖後，原有的芽生長出較大的新葉。

Memo

圓頂塑膠蓋小花房

有圓頂塑膠蓋的飲料杯，也可以做成迷你的小花房！而且保濕又容易觀察的微環境，用於育苗或播種都十分有趣。盆底綁上棉線，利用上一篇介紹的底部給水技巧，就是一只可愛的自給動水小盆器。

利用星冰樂飲料杯打造喜蔭花小花房。

Tip 本範例使用「紅狐」公司所生產的水滴型玻璃缸＋植物燈具組。

279

［血葉蘭］

Jewel Orchid

多年生草本植物，為陸生蘭，根狀莖匍匐石上，狀如蠶蟲，全株具有肉質短直莖或呈匍匐生長，株高 10～25 公分。紫紅色卵形或橢圓形葉，葉面具有紅銅色或金色脈紋。春季為花期，會開出白色的花序。

plant data

學名：*Ludisia discolor*
別名：血葉蓮、泰國金線蓮、假金線蓮
　　　美國金線蓮、石上藕、石蠶、石蠶蘭
　　　真金草
科別：蘭科

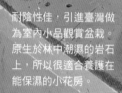

耐陰性佳，引進臺灣做為室內小品觀賞盆栽。原生於林中潮濕的岩石上，所以很適合養護在能保濕的小花房。

血
葉
蘭

礫耕苔球小花房

01
玻璃碗底部放置發泡煉石做為蓄水層，約 3～5 公分。

03
再將血葉蘭苔球半埋在蓄水層中培養。

05
栽培 2 個月後，已經明顯長大。

02
將血葉蘭綁製成苔球。（苔球綁法可參考 Part7）

04
剛開始栽培的狀況。

 在北臺灣，秋冬季低溫期時，血葉蘭會略有休眠落葉或生長停滯的現象。

［非洲菫］
African Violets

原產自非洲高原性喜冷涼環境，在臺灣夏季平地悶熱環境，若無空調環境下，越夏時需慎選品種，以葉背紅色的品種及懸垂種較耐高溫。近年臺灣也有培養場，進行在地品種的育種及選拔，期待這些室內小精靈能綻放更大的光彩。

plant data

學名：*Saintpaulia* sp.
別名：聖保羅花、非洲紫蘿蘭
科別：苦苣苔科

非洲菫只需要人工光源，
在合適的條件下，在室內
環境便可連連花開。

非洲菫不耐高溫，運用 Pot in pot 的栽植方式，直接將小盆栽安置在潮濕的發泡煉石中，會因蒸散冷卻的降溫方式，製造低根溫的環境，以增加非洲菫越夏的機會。

01

2019 年 01 月 07 日。準備白脈葉迷你非洲菫側芽 1 株、2.5 寸小瓷盆、發泡煉石及水苔適量。

03

再將白脈葉非洲菫側芽植入盆中。

05

2019 年 03 月 29 日。待蓄水層乾了再澆水的方式進行管理，栽植近 3 個月時，開始開花。

02

先將少許水苔以輕輕填入的方式，置於 2.5 寸小瓷盆中。

04

將植好的小盆置入圓柱型玻璃容器中，盆緣外填入發泡煉石 3 公分高，大概是到小盆的一半高度。

06

葉片如略泛黃，表示光照強度過強，可移置稍陰蔽處；另可補充肥料以利生長。

植物燈玻璃罐小花房

01

比照上述做法，利用結合燈
控的微景觀玻璃罐，填入發
泡煉石。

03

燈蓋內提供 LED 燈珠，輕觸
燈蓋可切換全日照、半日照
等模式，依據植物需求做選
擇，除了補光也可提高展示
效果。

02

將迷你非洲菫「公主藍眼
睛」品種 *Saintpaulia* 'Princess
Blue Eyes' 下半部埋入蓄水層
中。

04

栽培至開出柔美的迷你非洲
菫小花。

Tip　本範例使用「Fun Feed 放心養」公司所生產的微景觀專用摸摸燈，可用於水族飼養或植物栽培。

在瓶中栽培近 3 個月
的成長表現。

超迷你岩桐

Micro Miniature Sinningia

原產自南美洲，有別於常見於花市的大岩桐 *Sinningia speciose*；包含一群原生在林蔭或生長在潮濕岩壁上的小型岩桐屬植物。臺灣較少商業栽培，多於岩桐屬愛好者之間蒐集交流。超迷你岩桐株徑約5公分以下，在臺灣一般花市較易選購的品種為魚骨頭 *Sinningia muscicola* 及普西拉 *Sinningia pusila*。

plant data

學名：*Sinningia* sp.
科別：苦苣苔科

超迷你岩桐同樣具有下胚軸肥大的塊莖，與大岩桐不同的是，入夏後生長略緩或有地上部休眠的情形，較喜好冬春季的氣候。圖中為開白花的品種 'White Spirit'。

品種：魚骨頭 *Sinningia muscicola*
介質：赤玉土

01

將超迷岩魚骨頭的實生小苗，平均植入備好的錐形瓶中。

02

植好後充分澆透赤玉土層。只要蓄水層乾了就給水，讓蓄水層維持略有積水。

03

栽培後近 3 個月，小苗開花的情形。

品種：普西拉 *Sinningia pusila*
介質：發泡煉石＋黑土

01

2019 年 1 月。瓶中植入普西拉超迷岩植群，並放上小紅房的花插做為裝飾。

02

栽培 1 個月後適逢生長期，已經開始開花。

03

2019 年 5 月，栽培 4 個月後，已經開花 2、3 回，植株也長高。入夏後待收完種莢即可進行修剪。

品種：'White Spirit'
介質：蘭石＋水苔＋黑土

01

以蘭石為蓄水層、薄水苔為
隔離層、栽植層則是以水族
用的黑土為介質。

02

植入超迷岩 'White Spirit' 栽培
2 個月後的情形。

03

栽培 3 個月後，植株於錐形
瓶中連續開花。

07

趣味苔球與山野草附石盆景

在前面的篇章，我們運用各式玻璃瓶罐、花盆、器皿來做水耕栽培。其實擺脫瓶瓶罐罐也可以水耕，只要將植物的根系包覆在吸水性的材質之中保濕，就可以維持植物生長，也就是本篇要談的苔球與附石盆景方式。

苔球的由來

苔球，源自日本山野草盆栽 - 苔玉 kokedama 而來，英名稱為 moss ball，是指將植物栽植於混合式的土球中或水苔球中，也是日本盆栽藝術中運用方式之一，源自公元 1630 年代前後開始的一種稱做「根洗い」(nearai) 的盆景型式。

推測當初極可能是為了便於運輸，而將盆景植栽與盆器分開運送；有些類似臺灣早期販售植栽樹苗或花苗，用稻草包覆土球的方式。後來慢慢這些根洗い的盆景植物，在土球外包覆上苔蘚植物，用以保濕或避免土球被雨水或澆灌的水沖蝕，慢慢的就形成現今苔球的盆景型式。

以居家環境中常見的蕨類植物，小毛蕨及伏石蕨綁製的野趣苔球。

適合做成苔球的植物

植物的選擇，是苔球製作成功的主要關鍵，只要選對合宜居家環境生長的植物，栽培管理就可以很輕鬆。因此在居家附近採集質感細緻的野花野草，就是不錯的選擇，因為這類植物十分適應在地的氣候條件，只要適當的鋪陳，就能展現出十足的野趣來。

如不採集於自然，到花市選購各色室內小品盆栽，都能用於苔球的DIY；自行播種的種子樹苗類的盆栽也十分恰當。

花市選購小品盆栽，如圖中為粉露草很適合用做苔球。

苔球植物來源：

採集附近野花野草。

馬拉巴栗樹苗是水耕及綁製苔球很棒的植物材料。

293

苔球包覆的材料

苔球包覆的材料取得容易，除了自花市採購乾燥的水苔外，也可以回收栽植蝴蝶蘭的水苔做為綁製苔球的材料，一盆蝴蝶蘭的水苔介質，即可綁製一球小型的苔球。

除了水苔之外，亦可以利用泥炭土 7 份與赤玉土 3 份的比例混勻，加水調製成苔球製作的介質，但初學或居家栽培，還是以水苔最為簡便。

苔球的包覆材料：

水苔

赤玉土

Tip

回收的水苔建議先行以日光曝曬消毒，或者是以浸泡熱水的方式消毒。

泥炭土

苔球水耕的生長紀實

現今苔球盆景型式風行全世界，視陳設環境的需求，苔球製作可大、可小，且除了以水盤、水皿等底部給水的水耕方式外，還可以直接懸掛或置入鋁線編織的造型花器內栽培，形成立體空間的裝置點綴。

Sample 01

五彩千年木
Dracaena marginata 'Tricolor'

以淺碟來水耕苔球，就能將五彩千年木紅彩般的葉色，移入室內欣賞。

Sample 03

黃金絡石
Trachelospermum asiaticum 'Gold Brocade'

將黃金絡石綁成苔球，置入鋁線編織籃吊掛。

Sample 02

馬拉巴栗
Pachira aquatic

以灌漿製成的水泥淺皿，水耕馬拉巴栗苔球別有趣味。

Sample 04

組合式苔球

組合幾種型態、顏色、質感不同的植物，營造反差與對比，創作出饒富趣味的作品。

295

Sample 05

苔球結合礫耕

在盆器中置入白色小石礫並放上苔球，注入水，水量淹至小石礫高度，可幫助苔球保濕。石礫可適度留白，營造開闊感。

Sample 07

苔球陳設

如空間許可，將多個苔球一起擺設，利用盆缽與植物形色的變化，營造一幅小品光景。

Sample 06

苔球花環

利用花環結構以苔球的方式合植，形成植物蛋糕的趣味造型。

Memo

水杯內盛水，上置苔球的水耕方式，根系會自行深入水杯內吸取水分。

Case. 1

單植式苔球

一顆苔球只用一種植物的單植方式，最適合初學者操作，在管理上也較組合式的苔球更容易一些，因為不用考量不同植物光線水分需求上的差異。成功的要點在於適地適種，挑選適合自家環境的室內植物來佈置苔球。

綠精靈合果芋 *Syngonium podophyllum* 'Pixie'

01　準備水苔、綠精靈合果芋、少許苔蘚、車縫線。

04　去除上半部的培養土，至少 1/2 的量。

02　水苔浸濕後，挑除枯枝及其他雜物。

05　將水苔平均薄薄的包覆在綠精靈合果芋整理後的根團外部。

03　將綠精靈合果芋脫盆，發現根系已於底部盤根。

06　用手先輕輕的形塑包覆水苔後的根團。

07 用合掌的方式，將苔球包覆緊實。

09 球體成形後，可在表面接種少許苔蘚，以線固定後，剪去多餘線段。

08 利用車縫線或縫衣線，依米字形、與苔球垂直方向纏繞。每纏一圈就向下用力拉緊，直到水苔不會掉落。

10 為使苔球方便放置，可於桌面輕輕鎮壓，使底部平坦不會傾倒。

Memo

苔球表面接種少許苔蘚，如環境得宜，苔蘚會逐漸擴張生長，包覆整個苔球。

Case. 2

組合式苔球

運用組合盆栽的概念進行苔球的綁製，透過色彩及多樣性的植群組合，成為視覺的焦點。植物配置上需把握量體上的多與少、高低層次的鋪陳、輔以浪漫又具流動性的線條，柔化整體作品。

而植物的品種，要依「物以類聚」為挑選原則，即挑選數種生長環境條件及栽培管理盡可能需求一致的植物，以便於之後的日常養護。

植物準備

黃邊百合竹 *Dracaena reflexa* 'Variegata'
紅網紋草 *Fittonia albivenis* sp.
越橘葉蔓榕 *Ficus vaccinioides*
吊蘭 *Chlorophytum comosum*
小毛蕨 *Cyclosorus acuminatus* 幼苗
少許苔蘚

其他材料

1. 水苔浸濕後備用，適量或約 100 公克
2. 三分石礫、培養土少許
3. 縫衣線一段
4. 塑膠袋剪開後備用

Stage 1　植物脫盆

01

將植物脫盆，視預定的苔球
大小，至少去除 1/2 至 2/3 的
培養土量。

02

植株平置於桌面，先行觀察
每種材料之間的差異，再依
個人對於美感的喜好，進行
粗略配置。

03

類似於花束綁製的方式，把
植物抓成一束，找到喜好的
組合位置。但請留意根系要
整齊一致。

Stage 2　綁製苔球

01

將適量浸濕後的水苔平鋪於塑膠袋上拍平。於中心處放置 3～5 顆石礫,做為苔球重心及增加透氣性。

03

將設計好的整束植物放置於水苔的中心。

02

於石礫上放少許培養土。培養土的量,視預計苔球的大小,以及去除植物培養土後根團的大小來斟酌加減。

04

將塑膠袋往上包裹根團。組合式的苔球作品較大,植物材料多,不便徒手綁製,利用塑膠袋協助塑形即可。

05

透過塑膠袋塑形的苔球，檢視水苔是否有超過或低於根際處，再適度增減水苔量。

07

應確實纏繞固定成形，每一圈都用力綁緊。

底座是自製的水泥底盤，只要使用水泥砂漿填入封口袋約 7～8 滿，平置於桌面上，再放上水杯重壓出凹槽形狀。

需靜置 1 日以上，待水泥完全硬化乾透再拆封即可使用。

06

確認苔球的量體及形狀後，利用縫衣線進行垂直式的纏繞與綁製。綁製以平均及紮實為要領。

08

成形後的苔球，再接種少許苔蘚於外部，並以線平均固定，最後剪去多餘線段。

Case. 3

一兼二顧魚草共生缸

····································

坊間也有許多適合居家與辦公室使用的栽培系統組合。結合底部給水法
及生態循環的裝置，除了種植物還能兼養魚，一次滿足兩種樂趣。

以虹吸管原理，透過沉水馬達抽取魚缸裡的水循環回流至上方盆器中，
提供做為植物的養份，經由植物根系淨化及過濾後再流回至盛水養魚的
透明容器中。這樣的產品可運用於栽培苔球或小型室內植栽，只要植物
適應後，就在小空間中簡便的管理這個自然天地。

01

依說明書完成產品組裝。光源及沉水馬達是以 USB 充電方式提供電源。

03

將伏石蕨 *Lemmaphyllum microphyllum* 苔球放置於煉石層上方。啟動後，水開始循環，可不斷以浸潤的方式供應苔球水分。

02

產品內附的發泡煉石先洗淨再放入白色的盆器中。

04

盛盤內剛好可以栽入一盆 3 寸盆，或約略拳頭大小的苔球作品。

Tip

範例使用的是「ARKY 香草與魚 Herb & Fish」魚草共生循環生態套組。在缸子上方的蓄水空間放置一個苔球，底部還可以養小魚。

LED 燈罩上面有觸控開關，能控制沉水馬達及人工光源的啟動與關閉，輕觸開啟，再觸碰一下就可關閉。

內附的發泡煉石較大顆，適合苔球或附石水耕的承載。如以礫耕栽培室內植物時，可視植物種類更換成較小顆粒的尺寸。

苔球底部放水盤，以水耕方
式栽培，水乾了就加水。

苔球日常管理要領

1. 給水：

培養初期保濕，有利於苔球的植物能快速適應環境，提高苔球的養成率。底部可以放置水盤，以水耕方式栽培，水盤的水乾了再加水，管理很方便。如不放水盤，待苔球稍微乾燥變輕，將水苔泡入水中，吸飽水分後再放回原處。

2. 光線：

如苔球表面有接種苔蘚，應放置在合適的光照環境下，並提高周邊環境濕度，除了有益於苔蘚生長，也能維持苔球植物生長良好。

3. 施肥：

於生長期間，如約拳頭大小的苔球，可於底部塞入顆粒狀的緩效肥 2 ～ 3 顆，補充養分；或是在補充水分時，加入稀釋約 2000 ～ 3000 倍的肥料，做為生長季時補充生長所需的養分。

野趣橫生的附石水耕

石付盆栽（ishitsuki bonsai）是盆景藝術中的一個分支，與苔玉一樣能展現不同的植物之姿。在附石的作品中，透過根系盤桓在石頭上，展現出旺盛的生命力。可譯為「附石盆栽」、「附石盆景」，簡單來說就是讓植物抱著「石頭」生長，稱為附石。

依其栽培的方式另可分為：
- **全附石－**即附植於石的植栽，以水耕的方式為主，將附石的植栽栽培於水皿或淺水缽上欣賞。
- **半附石－**為展現植物附石之姿的力與美，結合適當的淺盆將附石植栽定植在盆器內，以土耕所表現的盆景造型方式。

紫唇花 *Ajuga reptans* 'Chocolate Chip' 附石水耕，盆缽中可放置一些水生植物，營造自然野趣。

附石的材料選擇

石材可到園藝資材行及水族館選擇以能吸水、多孔隙的為主，如：咕砳石、火山石等。亦可以撿拾礁石或珊瑚礁等材料，但需經淡化處理後使用，或是撿拾自野地，長有苔綠的石塊也很合適。

市售咕咾石

秤重量販售，選購以能放置平穩，有合宜自然造型者為佳。

野外苔石

撿拾自然生長，已覆滿苔綠的石塊，搭上適宜的植物定植。

附石的生長紀實

Sample 01

苔石＋虎耳草

放上虎耳草 Saxifraga stolonifera 走莖小芽，自行定根養成的附石水耕盆景。

Sample 02

苔石＋兔腳蕨

撿拾已覆滿苔綠的石頭以及兔腳蕨小苗 2 株。在欲行附石的角落放置少許水苔並壓實。將小苗使用車縫線纏繞固定，進行附植。

Sample 03

咕咾石＋多種植物

在咕咾石的凹洞處塞入水苔，合植了姬石菖蒲、小毛蕨、銀葉冷水花、錦葉遍地金、斑葉紫唇花，並包上適量苔蘚。

Case. 1

野生鐵線蕨附生咕咾石

鐵線蕨喜好生長在林緣或半遮蔭環境，在潮濕岩壁、水岸邊、甚至是城市的角落裡也常見它們的身影，像是在圳道、排水溝潮濕壁面也都能看見。利用附石技法，將鐵線蕨 *Adiantum capillus-veneris* 原生的野趣，在室內以水耕的方式養護。

Tip 如不方便採集，可自花市選購適合居家環境栽培的植物，或是到水族館挑選挺水型的小型水生植物，進行附石水耕盆景的創作。

01

小心翼翼的自壁面上，將帶根系的小片植群取下。小苗需在保濕的狀態下帶回。

03

將少許水苔塞到石縫中。

05

利用縫衣線，輕輕將鐵線蕨固定於石頭上，纏繞至植栽不會晃動即可。

02

備好鐵線蕨、泡過水的水苔，以及縫衣線一段。

04

將採集的鐵線蕨，依其原生長的方向，放置於塞有水苔的石縫上。

06

將附石的鐵線蕨栽培在水盤上，並放置於光線明亮環境馴養，適時補水，勿讓水苔乾掉。約 3～4 周，見到新生展開的新芽後，便可移入室內欣賞。

Case. 2

蕨類合植附石水耕

臺灣有蕨類王國之稱，分佈著 600 種以上的蕨類植物，以蕨類附石水耕應該是最值得推廣的園藝 DIY 體驗了，自採集開始，您會發現居家週遭無處沒有蕨類的存在！

鐵線蕨、小毛蕨、山蘇 *Asplenium nidus*、鳳尾蕨、杯狀蓋骨碎補 *Griffith humata*（兔腳蕨）都是容易採集到的種類，在此以山蘇幼苗、兔腳蕨小苗作為素材，並以山蘇為主角進行組合式的附石，創造微縮的蕨色美景。

01

備好山蘇小苗 1 株、兔腳蕨
小苗 1 株、咕咾石 1 塊、水
苔少許及車縫線。

03

先放置山蘇小苗，選定合宜
及較美觀平穩的位置。

05

再放上配角植栽骨碎補，以
車縫線進行植群的固定。纏
繞至植栽不會晃動為原則。

02

先選定咕咾石放置的角度，
並決定欲附植的位置。

04

再放上配角植栽兔腳蕨，配
植時需注意符合其原生長的
面向為宜。

06

可將成品置入淺水盤中進行
培養，適時補水，勿讓水苔
乾掉。

山野草採集要領

1. 採集居家附近的植栽為好，較能符合適地適栽的原則，在馴化成居家栽培植物時，較為容易。

2. 採集前需先備妥器具，不要直接拔取，宜帶有土壤及根系為好；植株置入保濕容器內或封口袋，應在保濕的狀態下帶回較好。

3. 遵照植物所在地的規定，如國家公園及特定保護地區，不宜採集。

4. 若附近僅有一株的植物切莫採集，以免誤採瀕危或較稀少的植物種類。

5. 採集回來的植栽，可於盆栽先行定植，待根系養成或馴化後，再行附植或苔球的綁製。

姬石菖蒲 *Acorus gramineus* sp. 可保留原本黏土根團，定植到附生的石材上。

採集居家附近、普遍且數量多的植物，
較容易附石成功。

兔腳蕨 *Griffith humata*

虎耳草 *Saxifraga stolonifera*

白髮苔 *Leucobryum*

黃花酢醬草 *Oxalis corniculata*

山野草姿態自然不
雕琢，看似不起眼，
卻有著強韌的生命
力，運用於附石生
長別有一番風情。

附錄・本書植物學名檢索

A
頁數

Acorus gramineus sp.	姬石菖蒲	p.314
Adiantum capillus-veneris	鐵線蕨	p.310
Agave guiengola 'Cream Brulee'	翠玉龍黃覆輪	p.95
Aglaonema modestum	粗肋草	p.65
Aglaonema 'Anyamanee'	安亞曼尼 / 亞曼尼粗肋草	p.67
Aglaonema 'Lady Valentine'	吉祥粗肋草 / 情人粗肋草	p.67
Aglaonema sp.	吉利粗肋草	p.67
Ajuga reptans 'Chocolate Chip'	紫唇花	p.308
Alternanthera dentata 'Ruliginosa'	紅龍草	p.83
Alternanthera ficoidea var. bettzickiana	莧草	p.83
Alternanthera ficoidea 'Snow on the Mountain'	雪莧	p.83
Ananas comosus	鳳梨	p.177
Anubias barteri var. nana	小水榕	p.215
Anthurium andraeanum	火鶴花	p.41
Ardisia pusilla	輪葉紫金牛	p.258
Ardisia pusilla 'Variegata'	斑葉紫金牛	p.258
Asplenium nidus	山蘇	p.312

B

Bacopa caroliniana	虎耳 / 卡羅萊納過長沙	p.211
Barringtonia racemose	穗花棋盤腳	p.109
× *Brassavola* 'Maikai'	白拉索嘉德利亞蘭 ' 瑪凱 '	p.192
Brassica oleracea var. capitate	甘藍	p.179
× *Brassoepilaelia* 'Golden Peacock'	金孔雀樹蘭	p.197

C

Cattleya sp.	嘉德利亞蘭	p.191
Cattleya × *dolosa*	嘉德利亞蘭	p.192
Ceratophyllum demersum	金魚藻	p.219
Chamaedorea elegans	袖珍椰子	p.38
Chlorophytum comosum	吊蘭	p.69
Citrus grandis	柚子	p.115
Codiaeum variegatum	變葉木	p.71
Codiaeum 'indian Blandet'	龜甲變葉木	p.73
Codiaeum 'Lillian Staffinger'	金手指變葉木	p.73
Codiaeum 'Mammy'	紅鑽變葉木	p.73
Codiaeum 'Punctatum'	相思變葉木	p.73
Colocasia tonoimo	紫芋	p.159
Cordyline 'Cameroon'	喀麥隆朱蕉	p.77
Cordyline 'Cointreau'	彩葉娃娃朱蕉	p.77
Cordyline 'Dolly'	娃娃朱蕉	p.77
Cordyline 'Moonlighgt'	月光朱蕉	p.75
Cordyline 'Red sister'	紅竹	p.77
Crinum asiaticum	文殊蘭	p.121
Cryptocoryne aponogetifolia	氣泡椒草	P.243
Cryptocoryne wendtii	溫蒂椒草	P.242

Cyclosorus acuminatus	小毛蕨	p.305
Cyperus sp.	泰國水劍	P.243

D

Daucus carota subsp. *Sativus*	紅蘿蔔	p.181
Dendrobium 'Clown Feathers'	泰國潑墨娃娃	p.201
Dendrobium lindleyi	聚石斛	p.192
Dimocarpus longan	龍眼	p.125
Dracaena angustifolia	番仔林投	p.45
Dracaena deremensis 'Warneckii Striata'	檸檬千年木 / 黃綠紋竹蕉	p.252
Dracaena marginata 'Tricolor'	五彩千年木	p.295
Dracaena reflexa 'Variegata'	黃邊百合竹	p.79
Dracaena sanderiana 'Lotus'	蓮花竹	p.47
Dracaena surculosa 'Maculata'	油點木	p.37

E

Echeveria 'Derex'	德雷	p.97
Echinodorus cordifolius	象耳澤瀉	P.241
Echinodorus sp.	皇冠草	P.243
Egeria densa	水蘊草	p.217
Eichhornia crassipes	布袋蓮	p.221
Epipremnum aureum 'N'Joy'	喜悅黃金葛	p.21
Epipremnum aureum 'Sun Shine'	陽光黃金葛	p.16
Episcia sp.	喜蔭花	p.276
Episcia 'Cleopatra'	粉紅喜蔭花 ' 埃及艷后 '	p.274
Episcia 'Silver Skies'	迷你喜蔭花 ' 銀色天空 '	p.279
Euphorbia tirucalli 'Sticks on Fire'	黃金綠珊瑚	p.101
Euphorbia tithymaloides 'Variegata'	斑葉紅雀珊瑚	p.103

F

Ficus vaccinioides	越橘葉蔓榕	p.301
Fittonia albivenis sp.	紅網紋草	P.301

G

x Graptoveria 'Douglas Huth'	初戀	p.97
Griffith humata	杯狀蓋骨碎補 / 兔腳蕨	p.312
Gymnocalycium damsii	麗蛇丸	p.204

H

Haworthia cooperi	玉露	p.205
Haworthia 'KJ's hyb.' / *H. cymbiformis* × *H. venosa* KJ's	龍鱗寶草	p.205
Hedera helix	常春藤	p.267
Hyacinthus orientalis	風信子	p.161
Hydrocotyle verticillata	銅錢草	P.233
Hypoestes phyllostachya	粉露草 / 嫣紅蔓	p.252

I

Ipomoea batatas CV.	地瓜	p.36
Iresine herbsti	圓葉洋莧	p.83
Iresine herbstii 'Aureo-reticulata'	黃脈洋莧	p.81

L

Lactuca sativa	萵苣	p.183
Laelia rubescens var. *semi- alba*	蕾麗亞蘭	p.203
Ledebouria maculate	澗葉油點百合	p.165
Lemmaphyllum microphyllum	伏石蕨	p.305
Lemna minor	浮萍	p.225
Leucobryum glaucum	白髮苔	p.274
Ludisia discolor	血葉蘭	p.280
Lysimachia congestiflora 'Outback Sunset'	遍地金 / 錦葉遍地金	p.34

M

Marsilea minuta	田字草	p.229
Mentha canadensis	薄荷	p.35
Muehlenbeckia complexa	鈕扣藤	p.49
Muscari botryoides	葡萄風信子	p.167
Myriophyllum aquaticum	粉綠狐尾草	P.231

N

Narcissus tazetta var. *chinensis*	中國水仙	p.151
Nelumbo nucifera	荷	p.213
Nephrolepis exaltata 'Fluffy Ruffles'	密葉腎蕨	p.268
Nuphar shimadae	臺灣萍蓬草	P.243
Nymphoides hydrophylla	龍骨瓣莕菜	p.213
Nymphaea sp.	熱帶睡蓮	p.235

P

Pachira aquatic	馬拉巴栗	p.295
Pachyphytum pachyphtooides	東美人	p.97
Palaquium formosanum	大葉山欖	p.131
Peperomia clusiifolia	琴葉椒草	p.53
Peperomia clusiifolia 'Jellie'	彩虹椒草	p.53
Peperomia obtusifolia	圓葉椒草	p.51
Peperomia obtusifolia 'Variegata'	斑葉椒草	p.53
Peperomia sandersii	西瓜皮椒草	p.53
Persea americana	酪梨	p.135
Phalaenopsis sp.	蝴蝶蘭	p.186
Pilea cadierei	銀葉冷水花	p.259
Pilea depressa	嬰兒眼淚	p.260
Pilea spruceana 'Norfolk'	大銀脈蝦蟆草	p.269
Pistia stratiotes	水芙蓉	p.227

Pistia stratiotes 'Dwarf'	玫瑰水芙蓉	p.227
Plectranthus amboinicus	左手香	p.33
Plectranthus socotranum	小葉左手香	p.263
Podocarpus macrophyllus	羅漢松	p.274
Polyscias balfouriana 'Morginata'	圓葉福祿桐	p.87
Polyscias paniculata 'Variegate'	斑葉福祿桐	p.87
Polyscias fruticose	羽裂福祿桐	p.87
Polyscias fruticosa 'Dwarf Variegata'	斑葉羽裂福祿桐	p.85
Potamogeton crispus	馬藻	p.213
Prosthechea cochleata	章魚蘭	p.195
Pteris cretica 'Albo-Lineata'	白玉鳳尾蕨	p.269

Q

Quercus glauca	青剛櫟	p.141

S

Salvinia molesta	人厭槐葉蘋	p.213
Sansevieria trifasciata 'Laurentii'	黃邊虎尾蘭	p.105
Sansevieria trifasciata 'Dwarf Laurentii'	短葉黃邊虎尾蘭	p.105
Saintpaulia sp.	迷你非洲菫	p.253
Saintapulia sp.	非洲菫	p.282
Saxifraga stolonifera	虎耳草	p.309
Saintpaulia 'Princess Blue Eyes'	迷你非洲菫 ' 公主藍眼睛 '	p.274
Scindapsus aureum 'N' Joy'	喜悅黃金葛	p.21
Scindapsus aureus 'Sun Shine'	陽光黃金葛	p.16
Scindapus pictus	星點藤	p.22
Selaginella apoda	卷柏	p.274
Solenostemon scutellarioides	彩葉草	p.89
Spathiphyllum sp.	白鶴芋	p.55
Sinningia 'HCY's Lady Red'	迷你岩桐 ' 淑女紅 '	p.252
Sinningia muscicola	超迷岩魚骨頭	p.287
Sinningia pusila	超迷岩普西拉	p.288
Sinningia speciosa sp.	大岩桐	p.206
Sinningia 'White Spirit'	超迷你岩桐	p.289
Spirodela polyrhiza	水萍	p.214
Syngonium podophyllum 'Pixie'	綠精靈合果芋	p.297

T

Trachelospermum asiaticum 'Gold Brocade'	黃金絡石	p.295
Tulipa sp.	鬱金香	p.171

Z

Zamioculcas zamiifolia	美鐵芋	p.59

水耕盆栽
超好養

**無土不招蟲，加水就能活
輕鬆打造室內綠意！**

作 者	梁群健
社 長	張淑貞
總編輯	許貝羚
主 編	鄭錦屏
特約美編	莊維綺
特約攝影	陳家偉
行銷企劃	曾于珊、劉家寧
發行人	何飛鵬
事業群總經理	李淑霞

出 版	城邦文化事業股份有限公司·麥浩斯出版
E-mail	cs@myhomelife.com.tw
地 址	104台北市民生東路二段141號8樓
電 話	02-2500-7578
傳 真	02-2500-1915
購書專線	0800-020-299

發 行	英屬蓋曼群島商家庭傳媒股份有限公司城邦分公司
地 址	104台北市民生東路二段141號2樓
電 話	02-2500-0888
讀者服務電話	0800-020-299
	09:30 AM～12:00 PM·01:30 PM～05:00 PM
讀者服務傳真	02-2517-0999
劃撥帳號	19833516
戶 名	英屬蓋曼群島商家庭傳媒股份有限公司城邦分公司

香港發行	城邦〈香港〉出版集團有限公司
地 址	香港灣仔駱克道193號東超商業中心1樓
電 話	852-2508-6231
傳 真	852-2578-9337

馬新發行	城邦〈馬新〉出版集團Cite(M) Sdn. Bhd.(458372U)
地 址	41, Jalan Radin Anum, Bandar Baru Sri Petaling,
	57000 Kuala Lumpur, Malaysia
電 話	603-90578822
傳 真	603-90576622

製版印刷	凱林印刷事業股份有限公司
總經銷	聯合發行股份有限公司
電 話	02-2917-8022
傳 真	02-2915-6275

版 次	初版6刷 2023年9月
定 價	新台幣480元 港幣160元

Printed in Taiwan
著作權所有 翻印必究（缺頁或破損請寄回更換）

國家圖書館出版品預行編目(CIP)資料

水耕盆栽超好養：無土不招蟲，加水就能活，輕鬆打造室內綠意 /
梁群健著. -- 初版. -- 臺北市：麥浩斯出版：家庭傳媒城邦分公司發行，
2019.08
面；　公分
ISBN 978-986-408-508-8(平裝)

1. 盆栽 2. 無土栽培

435.11　　　　　　　　　　　　　　　　　　　　108009506